高等学校通用教材

空间探测数据处理和分析方法

李柳元　刘文龙　俞　江　曹晋滨　编著

北京航空航天大学出版社

内 容 简 介

本书以推广空间探测数据处理技术和科学应用分析方法为编写目的。全书共8章，主要介绍空间探测数据类型、分级处理流程、不同格式数据文件的读写操作、批处理、数据可视化和图像处理、空间坐标系使用和变换方法、数据滤波和波谱分析、电磁波传播和间断面分析、空间等离子体参数导出方法、数据统计处理和拟合方法等。

本书适合空间科学与技术、空间物理学、地球物理学、航天工程、遥感科学与技术、地理空间信息工程和天文学专业的本科生和研究生学习和使用；也可以作为从事空间物理研究、行星物理研究、天文研究、空间环境建模和预报、卫星轨道设计或数据处理等科技工作者的参考书。

图书在版编目(CIP)数据

空间探测数据处理和分析方法 / 李柳元等编著. --北京 ：北京航空航天大学出版社，2023.3

ISBN 978-7-5124-4060-9

Ⅰ. ①空… Ⅱ. ①李… Ⅲ. ①空间探测—数据处理—分析方法 Ⅳ. ①V1

中国国家版本馆 CIP 数据核字(2023)第 046206 号

空间探测数据处理和分析方法
李柳元　刘文龙　俞　江　曹晋滨　编著
策划编辑、责任编辑　蔡　喆
*
北京航空航天大学出版社出版发行
北京市海淀区学院路37号(邮编100191)　http://www.buaapress.com.cn
发行部电话：(010)82317024　传真：(010)82328026
读者信箱：goodtextbook@126.com　邮购电话：(010)82316936
北京建宏印刷有限公司印装　各地书店经销
*
开本：787×1 092　1/16　印张：11.5　字数：294千字
2023年4月第1版　2023年4月第1次印刷
ISBN 978-7-5124-4060-9　定价：69.00元

若本书有倒页、脱页、缺页等印装质量问题，请与本社发行部联系调换。联系电话：(010)82317024

前　言

空间科学与技术是以空间探测和空间实验为基础发展起来的。在空间探测工程实施(譬如探月工程和火星探测等)和空间科学目标应用分析中都要面临如何科学地处理海量的卫星探测数据的难题。对空间探测数据进科学处理和分析，不仅有利于建立数字化和智能化的空间环境模型，还有助于实现新一代空间探测任务的科学目标，从而为建设我国航天强国奠定基础。

尽管国内外学者已经出版了一些空间探测、空间物理和遥感成像方面的专业书籍，但是目前国内还缺乏系统介绍空间探测数据处理技术和分析方法的专业教材，因而作者在过去的教学中需要向学生推荐许多本参考书和文献。零散的知识缺乏系统性和专业深度，不利于学生的学习和理解，也不利于科研人员查阅和借鉴。

本书不仅系统地介绍了一些常用的空间探测数据处理技术和分析方法，而且还纳入了近几年国内外对新发射卫星数据处理和分析研究取得的一些新技术和新方法。全书内容兼顾系统性和创新性。本书编写分工如下：

李柳元负责全书内容的策划和统稿工作，主要编写第 1、2、3、5 和 8 章内容，并参与编写其他章节的部分内容；刘文龙参与编写第 7 章部分内容；俞江参与编写第 6、7、8 章部分内容；曹晋滨参与编写第 4 章部分内容，并帮助修改其他章节内容。全体编委衷心感谢本书例程所使用的地基和空间探测数据所属项目相关工作人员。

由于编者知识能力和时间有限，书中如存在不足之处，恳请广大读者批评指正！

编　者

2022 年 11 月

本教材相关的程序代码，请扫描右侧二维码下载，如有疑问请发送邮件至 goodtextbook@126.com 或致电 010 82317036 咨询。

目　　录

第 1 章　空间探测数据类别和分级处理

1.1　空间探测发展历程

空间科学与技术是以空间探测和空间实验为基础发展起来的[1-6]。在科学观测手段尚未发展起来的早期，人类只能用肉眼观看到模糊的遥远天空。直到 1609 年，意大利科学家伽利略首次用“折射式透镜望远镜”观测到了太阳黑子、月球上的群山阴影、木星的 4 颗较大卫星和金星等。随后，牛顿和惠更斯等人先后用不同的望远镜观测到了木星的 8 颗卫星和土星光环等。不同类型的望远镜使得遥远的天体看起来更近、更大、更亮，从而使人类开拓了天文学领域。早期的天文望远镜都是安装在地面台站上观测的。1990 年 4 月 24 日，美国的哈勃太空望远镜发射升空，成为第一个空间望远镜。但是，这些天文望远镜主要利用远距离光谱或射电成像原理来观测天体和整个宇宙。

人类直接对地球空间进行原位探测得益于探空气球、飞艇和火箭技术的发展。图 1.1 给出了空间探测的发展历程。早在 1783 年，法国物理学家雅克查尔斯和仪器工程师罗伯特兄弟释放了第一颗探空气球。1874 年 7 月 6 日，罗伯特兄弟制造的第一个探空飞艇试飞。尽管中国早在唐宋时期就用火药制造了烟花爆竹和一些火箭原型(譬如火龙出水等)，但是直到 20 世纪中期现代火箭技术的发展才使得人类原位探测中高层大气层以上的外太空变成现实。1926 年，美国科学家戈达德成功发射第一枚液体燃料火箭，它只飞行了 2.5 s，上升高度只有 12 m。1942 年 10 月 3 日，德国科学家将 V2 火箭发射升空。1946 年 5 月 10 日，美国用缴获的 V2 火箭发射了宇宙辐射实验仪器，成为第一次太空科学探索。但是，火箭探测持续时间太短。

随着火箭推进技术的不断发展，人们逐步能把航天器加速到第一宇宙速度($V_1=7.9$ km/s)，从而使航天器在大气层外围绕地球飞行。1957 年 10 月 4 日，苏联用 R7 火箭发射第一颗人造卫星(Sputnik 1)到达约 250 km 的高度上，首次对电离层等离子体进行原位探测。1958 年 1 月 31 日，美国发射“探险者”一号(Explorer 1)卫星进入远地点约为 2 248 km 的椭圆轨道上。该卫星搭载着由詹姆斯·范·艾伦(James Van Allen) 设计的宇宙射线实验仪器首次探测到地球辐射带。随着航天器距离地面的高度增加，地球对航天器引力减小，所以需要的飞行速度也会小于 V_1。在地球空间飞行的卫星速度通常为几 km/s。

我国的空间科学起步于 1957 年国际地球物理年。通过卫星搭载、载人航天应用计划、探月工程任务和少量科学卫星并参与国际合作，我国的空间科学研究取得了显著的进步。在我国空间物理探测史上占有重要地位的是在 2003 年和 2004 年发射的“地球空间双星探测计划”(简称“双星计划”)的两颗卫星。“双星计划”与欧洲空间局“Cluster Ⅱ”密切配合，形成优势互补，是 21 世纪初国际上重要的地球空间探测计划。近年来，随着综合国力的提升，我国先后部署并发射了“嫦娥”一号至“嫦娥”五号系列卫星、“慧眼”“悟空”“张衡”一号、“天问”一号和“夸父”一号等空间科学卫星。此外，“微笑”(SMILE)、“天问”二号、“嫦娥”六号和“嫦娥”七号卫星也正在实施中。

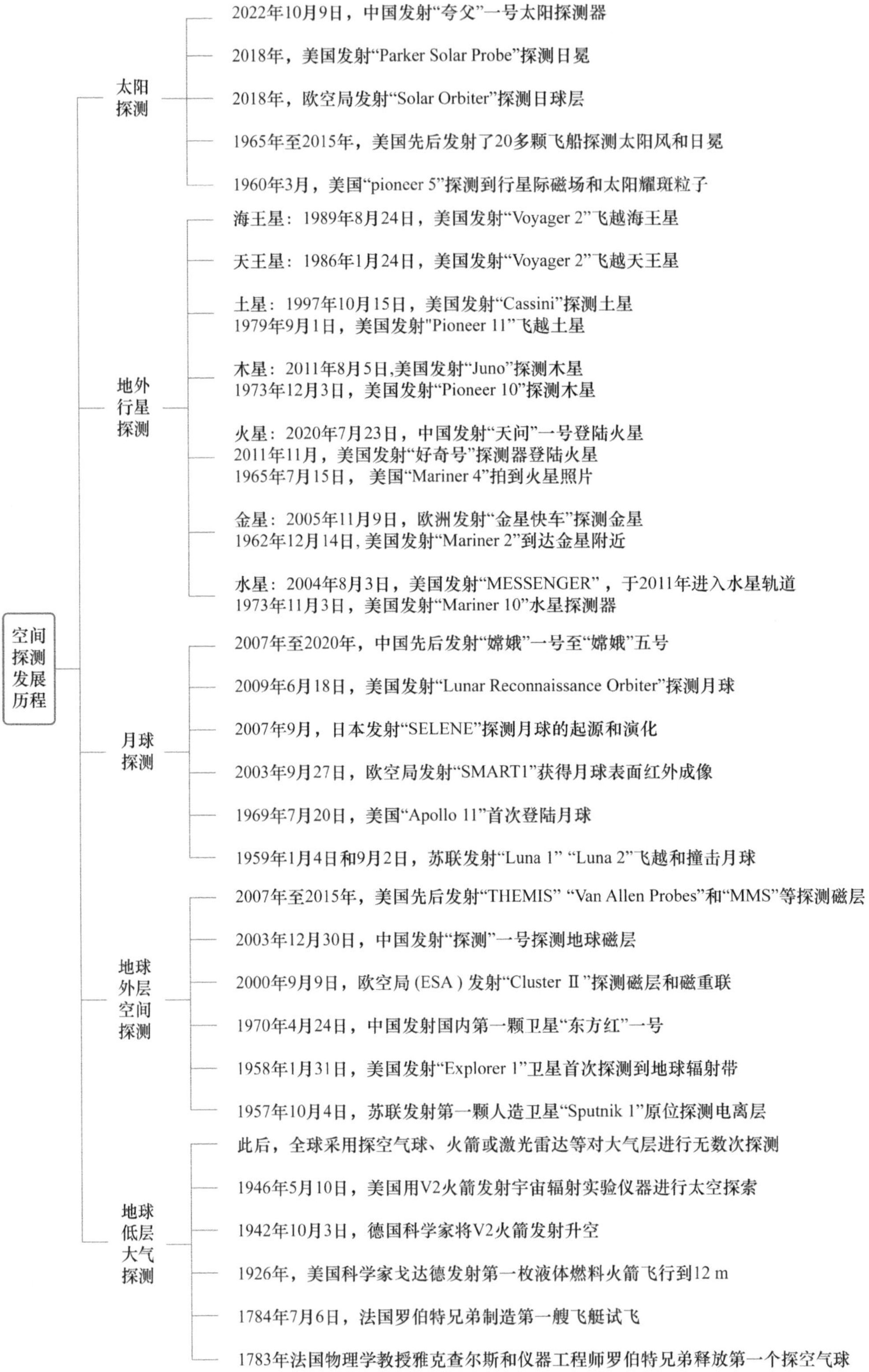

图1.1　空间探测发展简史(代表性事件)

"天问"一号火星探测器是我国第一颗飞行到行星际空间进行深空探测的卫星。只有当航天器的飞行速度达到第二宇宙速度(V_2＝11.2 km/s，也称作"逃逸速度")时，它才会脱离地球的引力场而成为围绕太阳运行的人造行星。苏联和美国等利用大推力火箭发射了几十颗飞船先后探测了金星、火星、木星、水星、土星、天王星、海王星、冥王星和太阳大气层等。直到现在，美国、欧盟、俄罗斯和日本等国先后发射了上千颗人造卫星或飞船对地球空间、行星和太阳进行了探测和研究。

在理论上，从地球表面发射航天器飞出太阳系所需要的最小速度需要达到第三宇宙速度(V_3＝16.7 km/s)。这是选择航天器入轨速度与地球公转速度方向一致时计算出的速度值。如果方向不一致，所需速度就要大于 16.7 km/s。目前，飞离地球最远的飞船是美国 1979 年发射的"旅行者"一号(Voyagor 1)和"旅行者"二号 (Voyagor 2)探测器。"旅行者"一号于 2012 年 8 月 25 日飞出日球层顶进入星际空间。"旅行者"二号经过 41 年的漫长飞行，在 2018 非处日球层顶进入星际空间。从太阳表面到日球层顶的距离大约为 121AU(约 180 亿千米)。

纵观空间探测的发展历史不难发现，现代意义的空间探测(space exploration)主要是对地球大气层高度以上的外层空间中存在的物质及其变化过程所进行的探测，它是空间科学的一个分支。空间探测以探空火箭、飞艇、人造卫星和宇宙飞船等飞行器为主，同时配合有地面台站和气球等构成完整的空间探测体系。

1.2　卫星和飞船的轨道类型

卫星通常指围绕着一个天体运行的较小的天体或人造飞行器。月球是地球的卫星；土星周围已发现 82 颗卫星(如"土卫一""土卫二"等)；木星周围已发现 124 颗卫星。人造卫星(satellite)就是人工发射的围绕着地球或其他行星飞行的空间飞行器。掠过行星飞行的航天器也称作宇宙飞船(spaceship)。这两者并没有严格的区别，人造卫星有时也统称为飞船(spacecraft)。

人造卫星和宇宙飞船是人类进行太空探索和空间物理研究的空间实验平台。人类通过处理和分析卫星或飞船搭载的科学探测仪器获取的数据来认识宇宙空间物质的组成、空间分布状态、扰动特征和对人类活动的影响等。空间探测任务是为特定的空间科学目标而制定的。不同的空间探测任务卫星的轨道通常是不一样的。卫星和飞船的轨道有不同的分类方法，按轨道形状可分为：圆轨道、椭圆轨道和抛物线轨道等。

1.2.1　圆轨道

圆轨道卫星常用来测量地球或其他星球上空某个固定高度上不同经纬度或不同地方时上的物理量的分布特征和变化规律。一些低轨道(low earth orbit，LEO)、中轨道(medium earth orbit，MEO)和地球同步轨道(geosychronons earth oribt，GEO)卫星会采用圆轨道飞行。

(1) LEO 轨道

LEO 轨道高度大约在 200～2 000 km，又称近地轨道。大多数 LEO 卫星采用极轨道飞行(轨道面倾角约为 80°～100°)。例如，我国"张衡"一号卫星(中国电磁监测试验卫星"CSES")的轨道高度大约为 550 km，轨道倾角 97°；法国 DEMETER 卫星的轨道高度大约为 670～710 km，轨道倾角为 98.2°；美国国防气象计划(DMSP)的一系列卫星(F1 - F20)大约位于 811～853 km 的高度上，轨道倾角为 98.9°。大部分极轨卫星的升轨和降轨与赤道面相交的两点总是位于两个几乎不变的地方时上，即卫星轨道与太阳相对位置保持不变，因而被称作太阳同步轨道卫星。太阳同步轨道的道面转动角速度与地球公转的平均角速度一致的。图 1.2 给出了 DEMETER 和 DMSP 15 卫星的太阳同步轨道。光面代表地球的昼侧，暗面代表地球的夜侧。DEMETER 卫星的升交点地方时大约为 22:30，降交点地方时大约为上午 10:30。

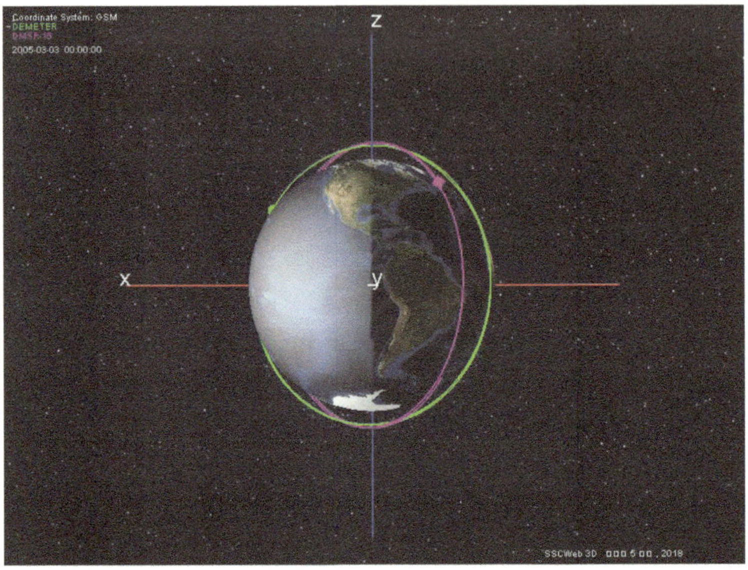

图 1.2　DEMETER 卫星轨道(绿线)和 DMSP 15 卫星轨道(紫色)

少数极轨卫星的升轨和降轨与地球赤道面的两个交点的地方时是变化的，譬如，欧空局(ESA)的 SWARM 卫星。极轨卫星可以跨越不同的纬度区域，同时利用地球自转运动也能够测量到全球(不同经纬度)的物理量分布。因此一些需要测量全球中高层大气参数(密度、温度和风速等)和电离层等离子体参数(密度和温度等)的科学卫星通常采用极轨道。此外，一些执行对地观测任务卫星，如地球资源卫星和气象卫星等也采用极轨道。

(2) MEO 轨道

MEO 轨道的高度大约在 2 000～35 678 km。MEO 卫星具有 LEO 和 GEO 卫星的优点，可实现真正的全球覆盖和更有效的频率复用，因而导航定位卫星常采用 MEO 轨道运行。譬如中国北斗系列部分卫星、俄罗斯的格洛纳斯(GLONASS)导航系统和美国的 GPS 卫星等。为了监测卫星在轨飞行环境，GPS 卫星还携带着高能粒子探测器，可以测量槽区和外辐射的高能电子的分布情况。一些 MEO 卫星的轨道周期大约为 12 h，也被称作半同步轨道卫星。

(3) GEO 轨道

GEO 轨道高度约为 35 678 km，其地心距离约 42 049 km(约 $6.6R_E$，R_E 是地球半径，$1R_E \approx$ 6 371 km)，其倾角为 0°的赤道面上圆形地球同步轨道称作地球静止轨道(即卫星轨道与赤道平面重合)。从地球上看，地球静止轨道上的某颗卫星是静止不动的，即地球静止卫星的星下点轨迹是一个点。但是，地球静止轨道卫星视角覆盖面积大(一颗卫星几乎可以覆盖整个半球)，且相对于地面是静止的。因此，一些通信卫星、气象卫星、广播电视卫星、导航、预警、数据中继卫星等常采用这种轨道。

在 GEO 轨道高度上，还有一些卫星的轨道面与赤道面的夹角不为零，这类卫星称作地球同步轨道卫星。地球同步轨道卫星的轨道周期和地球的自转周期(23 h56 min4 s)相同，且方向一致，卫星在每天同一时间的星下点轨迹相同。地球同步轨道卫星的星下点轨迹是一条 8 字形的封闭曲线。图 1.3 显示了 GOES 10 和 LANL 01 卫星在地球太阳磁层坐标系(GSM)中 $X-Y$ 平面上轨道。这些地球同步轨道卫星主要用来监测高能粒子的注入和损失，以及磁场强度和磁力线位型在磁暴或亚暴期间的变化等。

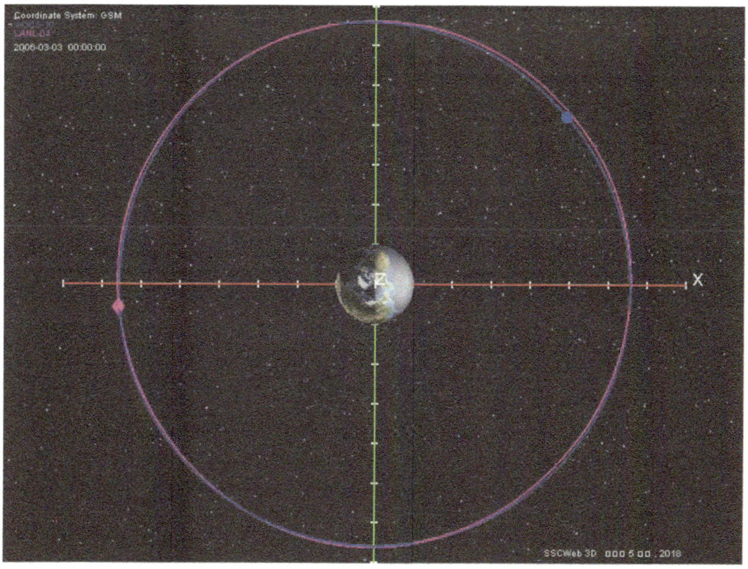

图 1.3　地球同步卫星 GOES 10 的轨道(蓝色)和 LANL 01 的轨道(红色)

1.2.2　椭圆轨道

除了 GEO 近似为圆轨道之外，并不是所有 LEO 和 MEO 卫星都采用圆轨道飞行。不同卫星的轨道形状是根据项目应用和科学目标的需求来设计的。少数 LEO 或 MEO 卫星也采用椭圆轨道飞行。例如，美国通信/导航中断预报系统(C/NOFS)的椭圆轨道面倾角约为 13°，其 LEO 近地点高度大约 405 km，远地点高度约为 800 km。卫星在椭圆轨道上离地球最近的点称作近地点(perigee)，离地球最远的点叫远地点(apogee)。卫星在椭圆轨道的近地点飞行速度最快，在远地点最慢。由于地球引力随高度减小，所以卫星在远地点的飞行速度可以小于第一宇宙速度。

为了扩大卫星的空间探测范围，很多科学卫星采用大椭圆转移轨道飞行。大椭圆转移轨道卫星能够穿越不同高度区域(譬如电离层、等离子体层、辐射带、磁层顶区域或磁尾等)，因而可以测量不同高度上电磁场、等离子体或电磁波的空间分布和变化特征。典型的大椭圆转移轨道卫星有：欧空局的 4 颗 Cluster 卫星、我国的“探测”一号和“探测”二号卫星、美国范艾伦探针(Van Allen Probes A 和 B)和四颗磁层多尺度任务(MMS)卫星等。

为了测量不同地方时上的物理量分布特征，卫星椭圆轨道近地点和远地点的位置还围绕地球缓慢地变化(即在不同地方时上移动)。卫星椭圆轨道的近地点和远地点位置围绕星球的地方时转移称作“轨道进动”(orbit precession)。图 1.4 显示范艾伦探针 A 卫星在 2013 年 1

月至 2015 年 1 月期间的轨道进动情况[7]。大椭圆轨道卫星通过轨道进动可以探测到所有地方时上物理量的空间分布特征。

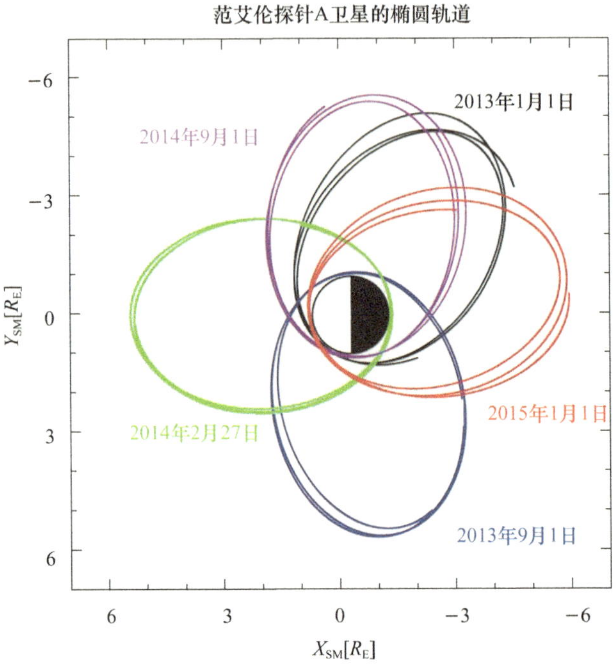

图 1.4　卫星大椭圆转移轨道的进动[7]

1.2.3　抛物线轨道

一些宇宙飞船通常采用抛物线轨道飞行。当飞船达到第三宇宙速度时，就能克服太阳的引力作用，沿抛物线轨道飞往星际空间，从而可以探测整个日球层物理和恒星空间。图 1.5 给出了美国宇航局（NASA）在 1977 年发射的“旅行者”一号（Voyagor 1）和“旅行者”二号（Voyagor 2）飞船的抛物线轨道。这两艘飞船是通过掠过木星和土星等获得行星引力助推，从而飞出日球层的。当航天器以适当距离逆着行星公转速度方向飞越行星时，它们会因为行星的引力和公转速度获得加速，最终以飞船初始速度加上行星公转速度大小的速度沿着行星公转方向飞行，这种加速称作“引力弹弓效应”。

1.3　地基和空间探测对象概述

1.3.1　地基测量对象

地基探测是将探测设备安放在地球表面对地面物理场或空间环境进行探测。地基测量的对象有：地磁场、地电场、电磁波、中高层大气，电离层，极光、太阳、其他天体和星座观测等。地基测量是对空间探测的有益补充。

自从 1936 年以来，我国就建立了自己的地磁台站。安装在地磁台站上测量仪器有：磁通门地磁经纬仪、三分量磁通门磁力仪、矢量磁力仪和极光全天空成像仪等。磁通门地磁经纬仪

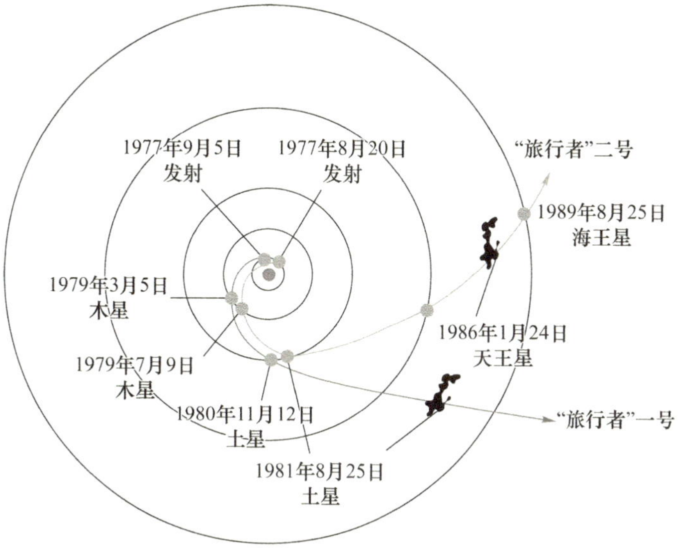

图 1.5　"旅行者"一号和"旅行者"二号飞船掠过不同行星的抛物线轨道示意图[4]

就是将一台磁通门磁力仪探头固定在一台无磁性经纬仪的望远镜上组成探测仪器，它可以测量地磁场偏角(D)和倾角(I)的绝对值。三分量磁通门磁力仪可以连续测量和记录地磁场偏角(D)、水平强度(H)和垂直强度(Z)三分量时间变化的相对记录仪器。最近几年研发的矢量磁力仪还可以连续测量地磁场偏角(D)和倾角(I)的时间变化及总强度(F)。一些地磁台站(譬如 THEMIS 地基观测站)也安装有极光全天空成像仪，借以监测极光活动与亚暴或太阳活动的关系。

除了地磁场外，由固体地球内部和外部的各种非人工电流系统与地球介质相互作用还会产生分布于地表的地电场。地电场可分为大地电场和自然电场。由于地震活动不仅会造成震区地磁场的扰动，同时还会造成地电场的变化。因此，一些地震台站也配有地电场或电流的测量仪器。

此外，一些地面电离层观测站还安装有激光雷达、电离层数字测高仪、电离层高频多普勒观测仪等地基测量仪器来检测大气成分和电离层等离子体密度的扰动或空间分布等。同时，大多数天文观象台还安装有光学望远镜、射电望远镜、X 射线望远镜或 γ 射线望远镜等，借以研究太阳黑子活动、太阳系外星球、黑洞乃至整个宇宙的演化等。不同的仪器的探测数据可以生成二进制、ASCII 码或图片等不同格式的数据文件。

地基探测的设备安置在一个固定的地理位置上，有利于对观测对象进行长期定点的连续性探测。虽然地基测量数据主要包含所测物理量的时间变化，但是利用分布在不同地理位置上的多个地基台站对相同物理量的联合观测，也可分析所测物理量的空间变化顺序。图 1.6 显示了不同地理位置上地磁台站测量的地磁场水平(H)和东西分量(D)及其 Pi2 滤波信号随着磁层亚暴活动的时间演化情况。从中纬度(OTT)到高纬度(RES)，夜侧磁场的负弯扰和 Pi2 依次爆发与亚暴极光的极向膨胀是一致的[8]。

虽然地面台站的地理位置是固定不变的，但是由于地球的自转和公转运动，地基台站相对太阳的位置也可以发生昼夜变化、季节变化和年变化等。因此通过处理和分析地基探测的物理量也可以获得其日变化、季节变化和年变化等。

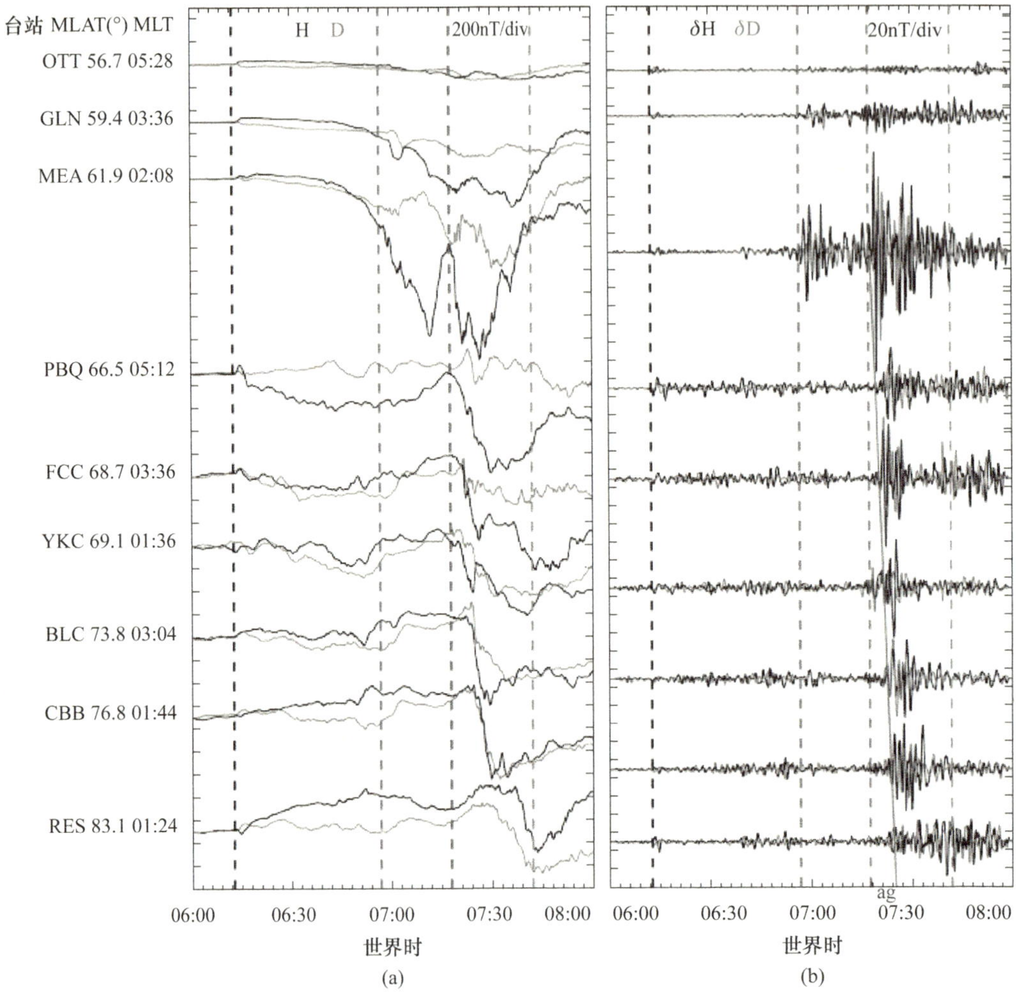

图 1.6　不同地磁台站测量的地磁场水平(*H*)和东西分量(*D*)及其 Pi2 滤波信号随着磁层亚暴的变化情况[8]（MLAT 是地磁纬度，MLT 是磁地方时）

不同地面台站可以按需实现低成本的组网观测，从而获得空间环境参量的地方时分布等，而且地面设备易维护、成本低。相比之下，发射多颗卫星在空间组网所需的成本较高。不过，地基探测数据或图片的质量也受到许多外部因素的限制。例如，大气吸收使紫外线导致 x 射线波段无法进行观测；大气中的云层也影响可见光的观测；无线电波观测还受空间等离子体的影响等。

1.3.2　空间对地观测

空间对地观测以地球的陆地、海洋和低层大气（对流层：0～12 km）为观测对象。空间对地观测主要采用非接触性的远距离遥感探测技术，包括可见光遥感、红外遥感和微波遥感成像等[4]。相应的遥感器承载平台有低空飞机、航天飞机、卫星以及其他低空飞行器等。空间对地观测涉及到军事侦察、地质水文勘察、灾害监测（洪水、台风/海啸、火山爆发和地震 等)、农业监测、环境监测、海洋监测和冰川变化等等。

在当今世界面临资源短缺、环境污染和全球气候变化等一系列问题的情况下，空间对地观测技术作为一种新兴技术，正在发挥愈来愈大的作用。空间对地观测技术将朝着天、空、地一体化和全球化发展，其数据的获取技术将持续向多平台、多传感器、多角度等方向发展。同时，不同数据和信息的融合、自动化处理和应用也将会持续发展下去。

1.3.3　中高层大气探测对象

地球中高层大气层位于对流层以上（大于 12 km），包括平流层（12～60 km）、中间层/热层（60～500 km）和逃逸层（大于 500 km）。图 1.7 给出了地球赤道面上空各圈层分布示意图。从地面到地球磁层顶（向阳面磁层顶的地心距离大约 11R_E）的地球空间大致可分为五层：对流层（0～12 km）、平流层（12～60 km）、电离层（60～1 000 km）、等离子体层（100～23 000 km）和磁层（大于 23 000 km）。中高层大气层的热层、逃逸层和电离层交叉耦合在一起。

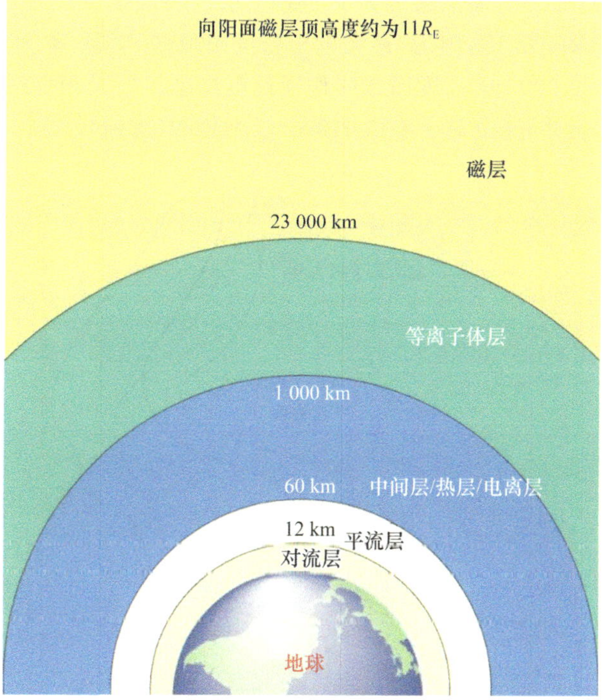

图 1.7　地球赤道面上空各圈层分布示意图

中高层大气探测对象包括大气密度、压强、温度、成分和风场等。除了常规的探空气球和火箭之外，中频（MF）雷达、甚高频（VHF）雷达和流星雷达能够测量中间层和低热层的风场，激光雷达也可以测量大气密度、温度、臭氧含量、气溶胶和重力波等。一些气象卫星或科学卫星也用来测量中高层大气的密度、风场、臭氧分布和等离子体分布。与单个地基台站观测数据不同的是，在空间飞行的卫星观测到的物理量同时包含时间变化和空间位置的变化。

此外，GPS 无线电掩星技术探测被认为是当前大气探测中最具有潜力的手段之一。从 GPS 掩星可以反演出地球大气弯曲场、折射场、密度场和中性大气层的气压、温度、湿度剖面以及电离层的剖面图等。这种探测技术可以提供全天候的全球观测，具有垂直分辨率高、稳定性好和探测参量多等技术优势。

1.3.4 电离层探测对象

在 60 km 以上的中性大气成分由于吸收太阳极紫外线(EUV)或 X 射线(X - ray)等辐射源,它们最终被电离成带负电的电子(e^-)和带正电的离子(O^+、He^+、H^+等)[6]。这些带电粒子在整体上保持着电中性,称作等离子体(物质第四态)。由于这些等离子体的密度足以改变无线电波的传播,所以被称作为电离层[1,2,6]。电离层等离子体不仅受到中性成分碰撞的影响,而且还受到电磁场的控制。因此,控制其动力学状态的方程不再是普通流体力学方程,而是带碰撞项的磁流体方程。此外,电离层还受到沉降粒子的影响。来自高高度磁层或太阳风的带电粒子沿着极区磁力线沉降到高层大气中,并撞击高层大气分子或原子,从而产生不同颜色的极光。

图 1.8 展示了电离层电子密度的剖面图。按照电子密度随高度的变化,电离层可分为 D 层、E 层和 F 层[6,9]。白天的 F 层又可分为 F_1 和 F_2 层。各层电子密度峰值分别位于 90 km、110 km、180 km 和 300 km(h_mF_2)附近,最大电子密度出现在 F_2 层(称为 N_mF_2),可达 $10^6\,cm^{-3}$ 以上。F_2 层以上 350～1 000 km 高度通常叫作顶部电离层。白天和夜间电离层等离子体的密度在太阳黑子极大年(实线)是远高于在太阳黑子极小年的(虚线)。

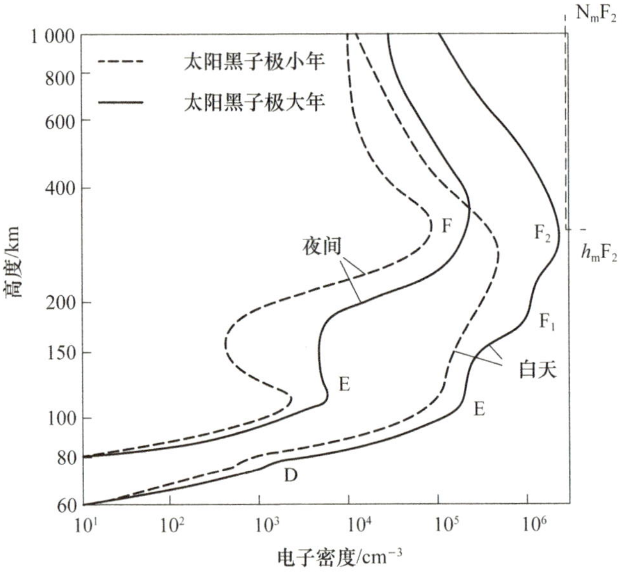

图 1.8 不同太阳活动年份白天和夜间电离层电子密度的剖面图[9]

与电子密度的高度分布相似,电离层不同离子成分的密度也是随着高度变化的。图 1.9 显示了在太阳黑子极小年白天电离层离子(O^+、He^+、H^+)密度和电子(e^-)密度随高度的分布情况。昼侧(1 200 h) F 层高度以上的电离层等离子体主要是氧离子(O^+)、氢离子(H^+)和电子(e^-)。F 层顶以上是稀薄的氢离子(H^+)层,通常称之为质子层(protonsphere) 或等离子体层(plasmasphere)。

由于电离层等离子体密度的扰动会影响通信信号,所以各种等离子体成分(H^+、O^+、He^+、e^-等)的密度、温度和速度一直是电离层探测的主要对象。其次,电离层中的电磁场、电导率、电流、电磁波或静电波,以及极光活动也是电离层空间天气监测的主要对象。相关的探

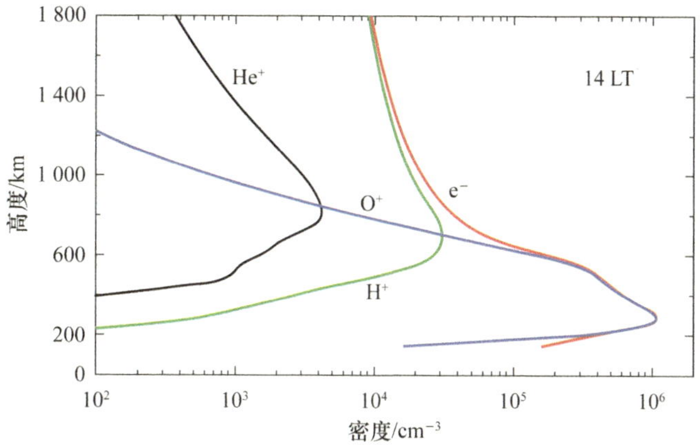

图 1.9　在太阳黑子极小年，白天电离层离子(O^+、He^+、H^+)密度和电子(e^-)密度随高度的变化[10]

测仪器有电离层数字测高仪、电离层高频多普勒观测仪、非相干散射雷达、GPS 掩星技术(反演出电离层电子密度剖面图)和卫星搭载的各种原位探测仪器，包括 Langmuir 探针、阻滞势分析器、离子漂移计、粒子成像谱仪、等离子体波的探测仪器、电磁场测量仪器和高能粒子探测仪器等[4,11]。

1.3.5　磁层空间探测对象

在 1 000 km 以上的等离子体层和磁层区域，中性成分变得非常稀薄，可以忽略碰撞效应，因而带电粒子的运动和空间分布主要受地磁场的控制[2]。图 1.10 展示了地球磁层磁力线形状(磁层顶以内带箭头的黑线)和不同能量的等离子体分布区域(磁层顶以内不同颜色填充区)。行星际磁场在不同时间可以指向南方(当前方向向下)或指向北方(与当前方向相反)。磁鞘、极尖区和等离子体幔中的冷等离子体主要来自太阳风(黄色)；尾瓣(浅蓝色)、等离子体片(品红色)和等离子体层(绿色)中的等离子体主要来自电离层。与等离子体层交叉的内辐射带(靠里的红色区域)、较高高度上的外辐射带和环电流区域(靠外的红色区域)主要包含着几十千电子伏特(keV)到几兆电子伏特(MeV)的高能电子和质子(H^+)。高能质子的能量可以高达 GeV 量级。除了带电粒子之外，不同磁层区域还充斥着强弱不同的电磁场、电流和等离子体波等。不同物质的相互作用形成了非常复杂的空间环境。

由于地球磁层区域比较广(磁尾可以延伸到 $100R_E$)，所以通常采用大椭圆转移轨道卫星来测量磁层等离子体、电磁场、等离子体波和高能粒子的空间分布和时间变化。例如，我国“探测”一号卫星、欧空局的 Cluster、美国的 THEMIS、Van Allen Probes 和 MMS 卫星、日本的 Arase 卫星等。卫星搭载的原位探测仪器有：磁强计、电场测量仪、高能粒子望远镜和感应式磁力仪等。

1.3.6　行星际和太阳探测

在地球磁层顶之外的行星际空间，还存在着来自太阳喷射出来的超声速等离子体流、宇宙射线和行星际磁场等物质。太阳风等离子体密度、流速和流压(动压)的扰动会造成地球空间环境的扰动。同时，行星际磁场方向的变化也会造成地磁暴和磁层亚暴事件，从而影响卫星轨道

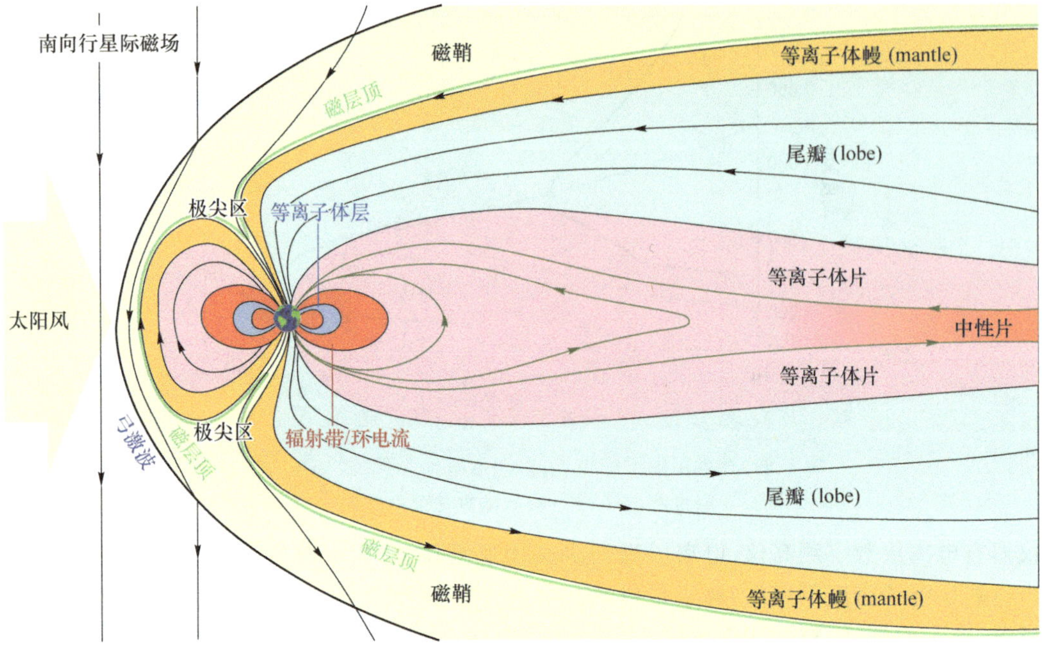

图 1.10 地球磁层磁力线分布形状(磁层顶以内带箭头的黑线)和不同能量等离子体的分布区域(磁层顶以内不同颜色填充区)示意图

附近的高能粒子、电磁波辐射和等离子体密度环境。因此,在行星际空间对太阳风等离子体密度、速度、动压、行星际磁场强度和三分量的实时监测,对分析和预报地球空间环境的扰动是十分必要的。在行星际空间 L1 附近测量太阳风的飞船有 ACE、Wind、SOHO 等。观测太阳的还有美国 Parker Solar Probe、欧空局 Solar Orbiter 等。此外,一些深空探测任务也用来测量行星大气层、行星地貌、土壤和矿物质、磁化行星和非磁化行星的形成和演化机制等。例如,我国的"天问"一号火星探测器和美国"好奇号"火星车等。

1.4 空间探测数据类型和分级处理

与地基遥测相比,空间飞行的卫星或宇宙飞船搭载的科学仪器可以对空间等离子体、高能粒子、电磁场、电磁波等空间环境参数进行原位探测。但是,由于卫星位置的变化和所探测物理量的时间变化交织在一起,处理和分析空间探测数据要比地基测量数据的处理和分析复杂得多。因此,除了给出空间探测数据的测量时间和科学数据之外,还得给出卫星的轨道参数等辅助数据等。

1.4.1 空间探测数据类型

空间探测数据可分为科学数据、工程参数和辅助数据三类。不同类型数据有不同的用途。

(1) *科学数据*

科学数据是指有效载荷(即探测仪器)的探测数据及其导出物理量等。不同探测仪器的科学数据还可以按照所探测物理量的属性进行归类。例如,我国"张衡"一号卫星的科学数据分为电磁类数据、电离层原位探测数据、电离层结构类数据等[11]。电磁类数据包括不同频段电磁场三分量波形和功率谱数据，以及标量地磁场观测数据。电离层原位探测数据包括等离子体(电子和离子)的密度、温度、离子漂移速度、高能电子和质子的计数/通量/投掷角等。电离层结构类数据包括相对总电子含量(total electron content, TEC)、绝对 TEC、峰值密度(N_mF_2)和峰值高度(H_mF_2)等。

(2) 工程参数

工程参数又称星务(housekeeping)参数，是指描述有效载荷自身工作状态参数，包括有效载荷的温度、电压电流值、通断电状态和数据质量说明参数等。工程参数可以帮助用户正确地选取有效的空间探测数据，规避无效的错误数据。

(3) 辅助数据

辅助数据是关于数据产品的描述文件、卫星轨道参数和空间天气指数等。卫星任务名称、所测物理量名称、单位和数据精度等描述文字、轨道根数(轨道号)、轨道参数(位置和速度、地理经纬度、地方时、地磁经纬度、地磁地方时、不变纬度、太阳位置等)、地球磁场模型值、坐标系和地磁指数等。辅助数据对用户准确地理解和应用科学数据产品是十分重要的。

1.4.2　数据分级处理流程

空间探测数据处理可分为工程化数据产品处理和科学应用分析处理。在工程化数据产品处理过程中，按照数据处理的不同程度可将空间探测数据分为不同的级别。数据分级是根据卫星的科学任务需求来制定的，不同的空间探测任务的数据分级可能并不完全相同。例如，法国 DMETER 卫星将科学数据分成 4 级(0A 级、0B 级、1 级和 2 级)[12]；美国的 CHAMP 卫星(轨道高度 600 km)的科学数据分为 5 级(0～4 级)；我国"嫦娥"一号卫星数据分为 3 级(0 级、1 级和 2 级)、"张衡"一号卫星数据大致分为 4 级。

图 1.11 给出了空间探测数据分级处理流程[11]。0 级数据是原始的位流数据、1 级数据才生成可用的物理量，2 级及其以上数据是添加了辅助参数后的数据文件或图片等。由于不同探测仪器数据探测原理和物理量导出步骤都不一样，所以它们的分级处理流程和数据产品并不完全相同。此外，空间探测数据的分级和处理步骤也取决于卫星任务的科学目标需求。表 1.1 给出了"张衡"一号卫星搭载的各种有效载荷测量的 0～2 级数据产品信息[11]。

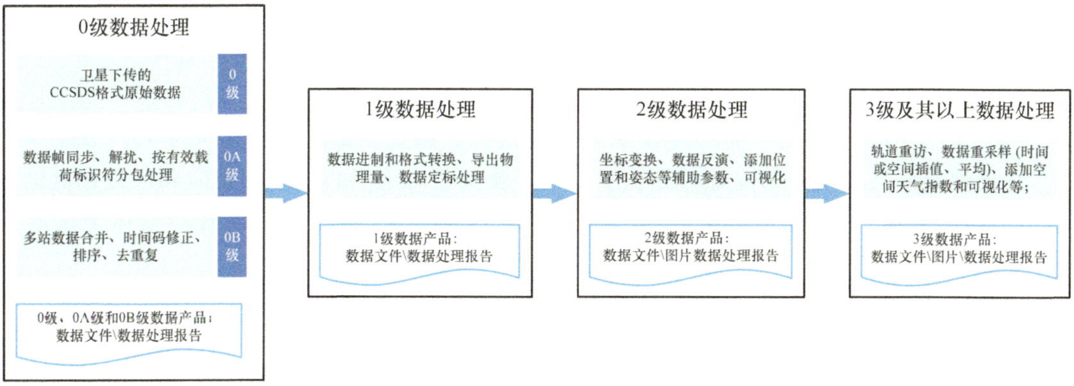

图 1.11　空间探测数据分级处理流程[11]

表 1.1 "张衡"一号卫星有效载荷测量的 0~2 级数据产品信息[11]

数据产品级别	有效载荷名称和数据产品					
	磁通门磁力仪(FGM1、FGM2)、总场仪(CSDM)	电场探测仪	感应式磁力仪(SCM)	朗缪尔探针(Langmuir probe)	等离子体分析仪(PAP):阻滞式分析仪(RPA)、离子漂移计(IDM)、离子捕获计(ICM)	高能粒子探测器(HEPP)
0 级	FGM1 和 FGM2 测量生成的二进制电压量;CDSM 测量生成的二进制频率	电场仪测量生成的二进制电压	SCM 测量生成的二进制三分量电压数据、包括在轨定标数据	探针测量输出的电压、扫描电压和量程信息	RPA、IDM 和 ICM 输出电压、扫描电压和量程信息等	二进制的高能粒子计数率
1 级	FGM1 和 FGM2 的磁场矢量数据、CDSM 磁场标量	ULF、ELF 和 VLF 频段三分量电场波形数据、加上 HF 共 4 个频段三分量电场功率谱	ULF、ELF 和 VLF 频段三分量波形数据和功率谱	通过对电压拟合得到的扫描电压、电流、电子密度、电子温度、悬浮电位和等离子体电位	3 个探测器的电流、电压值、H^+、He^+、O^+ 密度、离子温度、离子漂移速度、密度及涨落	转化为十进制的高能电子和质子的通量、能量、投掷角
2 级	添加地理或地磁坐标信息的磁场矢量和标量	添加坐标信息的波形和功率谱	添加坐标信息的四个频段的三分量波形数据和功率谱	添加坐标和轨道信息的电子密度、电子温度、悬浮电位和等离子体电位	添加入坐标信息的离子参数	添加坐标和轨道信息的电子通量、质子通量、能量、投掷角

(1) 0 级数据时间修正

在 0 级数据处理过程中,最关键的一步就是对探测数据进行时间修正。由于星地时差和数据采集时刻与时标添加时刻不一致,需要对载荷源包的数据采集时间码进行修正。时间校时文件由卫星测控中心提供,其产生频率由实际的时间偏移量和载荷所要求的时间处理精度决定。一般情况下,数据采集时刻与时标添加时刻的差值是常数 Δt。星上时间 T_S、地面时间 T_G 和时差 ΔT 间关系为:

$$T_G = T_S - \Delta T \tag{1.1}$$

ΔT=某一时刻的星地时差+时间漂移率 $\Delta t_0 \times$ 时长 t。测量数据的准确时间为 $T_G - \Delta t$。

在近地空间飞行卫星的星地时差主要是由于狭义相对论(相对运动)效应和广义相对论效应(万有引力效应)的综合影响造成的。根据侠义相对论,以速度 v 运动着的物体上的时钟($t_v > 0$)会变慢,即:

$$t_{v>0} = \frac{t_{v=0}}{\sqrt{1-\frac{v^2}{c^2}}} \tag{1.2}$$

这里,c 为光速($c = 3\times10^8$ m/s),并且 $t_{v>0} > t_{v=0}$,表示运动物体上发生的自然过程比起静止物体的同样的过程延缓了。物体运动速度越大,所观察到的它内部物理过程进行得越缓慢,这就是时间延缓效应。这种效应是时空的基本属性决定的，与时钟的结构无关。由于狭义相对论效应，远离地面飞行的卫星上的时钟要比地面上相同结构的时钟走得慢。

但是，根据广义相对论，天体的引力会使时间变慢。地面上的时钟受到地球的引力大，因此走得慢；而太空中运行的卫星上的时钟受到地球的引力小，因此走得更快。如果忽略地球的自转速度，则引力场中的固有时间（$t_{g>0}$）为

$$t_{g>0}=\frac{t_{g=0}}{\sqrt{1-\frac{2GM}{c^2 r}}} \tag{1.3}$$

这里，G 是万有引力常数，并且 $G=6.67\times10^{-11}\ \mathrm{N\cdot m^2\cdot kg^{-2}}$。$t_{g=0}$是引力场近似为零的位置上的时钟（即离天体足够远的位置 $r\to\infty$）。M 是地球的质量，r 是卫星距离地球的径向距离。距离地面越远（r 越大），$t_{g>0}$越大。即在引力场中发生的物理过程，在远处观察，其时间节奏要比当地的固有时间长。引力场延缓了时间的流逝，因而卫星搭载的时钟要比地面上的快。

对于飞行速度为几 km/s 的地球轨道卫星来说，地球引力减弱造成卫星上时钟变快要强于由于卫星运动造成时钟变慢的效应，这两者的综合效应就是造成卫星上时钟变快。星地时差对利用卫星导航定位的数据精度影响比较大。几十微妙的星地时差别可以造成地面定位相差十几米甚至上百米。

除了星地时差之外，卫星上的原子时钟还存在着一个时间漂移。这种时钟漂移是由于受其他天体的引力作用造成的。譬如，受太阳引力影响，地球附近引力场不能完全跟上地球的公转速度，在地心系看地球附近的引力场有微弱的漂移现象，它会影响精密原子钟，导致在太阳参考系中做复杂运动的卫星原子钟频率产生复杂的周期性波动[13]。相似地，受到地月运动的影响，在近月轨道下的同步卫星原子钟上也会产生漂移，其时间漂移率为 $\Delta t_0=598\ \mathrm{ns/d}$[13]。

注意：公式（1.1）主要适用于 LEO、MEO 和 GEO 等地球空间飞行的卫星时间修正。对于远离地球或在行星际空间飞行的卫星，其星地时差可能不一样，时间修正时需要考虑更多的影响因素。例如，“嫦娥”一号卫星的时间校正还需要考虑信号（数据）在空间中的传输时延等[14]。

（2）0～1 级数据处理

0～1 级数据处理主要是数据进制转换、从测量生成的电压值导出物理量和标定等。电磁场 0～1 级数据处理主要是将观测的电压量通过进制转换、物理量转化和校正等，最后获得电磁场波形或谱数据，包括基本磁场、10 Hz～20 kHz 交变磁场，DC～3.5 MHz 交变电场的波形数据、分频段频谱数据等；电离层原位探测类数据（朗缪尔探针、等离子体分析仪和高能粒子探测器）的 0 级数据处理主要将观测的电压量转变为物理量，然后通过拟合的方式得到需要的物理量，包括离子温度和密度、电子温 度和密度、高能粒子的电子和质子通量、电子和质子能谱等。

（3）1～2 级数据处理

1～2 级数据产品的处理过程主要为坐标系变换或反演过程。对于电磁类数据，是将 1 级观测数据从卫星坐标系转换到地理坐标系或地磁坐标系等；对于原位类数据，是对 1 级数据增加相应的地理坐标信息和卫星的轨道信息等。

（4）2～3 级数据处理

2～3 级数据处理主要对 2 级数据进行重访轨道、数据重采样（时间或空间插值、平均）、添加空间天气指数、按特定区域或事件（如地震带）进行划分，以及数据可视化后处理等。

1.4.3 数据文件命名规则和存储格式

(1) 级数据文件的命名规则

◇ **0 级数据的文件命名格式**

< satellite_code >_< receiving_station_code >_< yyyymmdd_hhmiss >_< orbit_Number >_L0. dat 或. txt

◇ **各个字段的意义**

< satellite_code >：卫星任务标识，国内卫星通常采用卫星名称的汉语拼音首字母大写加上编号组成。例如，我国"探测"一号和"探测"二号卫星代号为"TC1"和"TC2"等。国际合作卫星可以采用项目英文名称首字母大写加上编号组成。例如，欧空局的 4 颗 Cluster 卫星的代码为 C1、C2、C3 和 C4。

< receiving_station_code >：为地面接收站编号。例如，密云站：MY，上海站：SH。非地球同步轨道卫星在接收探测数据时，只有卫星飞越(或过境)地面接收站时，其发出的数据才能被地面接收站接收到。

< yyyymmdd_hhmiss >：为接收数据的接收时间。

< orbit_number >：为接数据对应的卫星轨道圈数，从第 1 轨开始计算。

L0：为 0 级数据标识，也可以标为"N0"。

(2) 0A 级数据文件的命名规则

与 0 级数据文件名相比，经载荷分包处理得到的 0A 级数据增加了一个探测仪器标识符或代码。此外，数据文件名中的时间改为探测数据的起始和结束时刻。其他的命名参数和 0 级数据的相同。

◇ **0A 级数据的文件命名格式**

< satellite_code >_< receiving_station_code >_< instrument_id >_< start_date >_< end_date >_< orbit_number >_L0A. dat 或. txt

◇ **各个字段的意义**

< instrument_id >：探测仪器的名称首字母大写或由项目自主规定的仪器数字代码段。

< start_date >：第一个数据的采样日期"yyyymmdd_hhmnss"。

< end_date >：最后一个数据的采样日期"yyyymmdd_hhmnss"。

L0A：为 0A 级数据标识，也可以标为"N0A"。

(3) 0B 级数据文件的命名规则

由于 0B 级数据是 0A 级数据经过多站合并后并去重复的数据，所以数据文件名中可以去掉地面接收站的标识符。0B 级数据文件的命名规则和 0A 级的相同。

◇ **0B 级数据文件的命名格式**

< satellite_code >_< instrument_id >_< start_date >_< end_date >_< orbit_number >_L0B. dat 或. txt

这里，L0B 为 0B 级数据标识，也可标为"N0B"。

(4) 1 级数据文件的命名规则

由于 1 级科学数据文件是多站数据合并去重复后的数据，而且数据文件中已经包含了卫星的轨道号和具体的轨道信息(位置和速度、地理经纬度、地方时、地磁经纬度、地磁地方时、地磁参数、不变纬度、太阳位置等)，所以数据文件名上不再显示卫星的轨道号参数。用户只需选择所需时间段就可以打包下载到相应的科学数据和辅助数据。

◇ **1 级数据的文件命名格式**

< satellite_Code >_< instrument_id >_< start_date >_< end_date >_L1. dat 或. txt

这里，L1 为 1 级数据标识，也可以标为“N1”。

(5) 2 级数据文件的命名规则

2 级数据产品是对标定后的 1 级数据进行重采样(在时间或空间上进行插值)、按特定区域或事件(如地震带)进行划分或可视化处理后的数据产品。用户可以通过卫星数据中心提供的专业软件进行快速可视化或保存图片等操作，也可以直接下载数据进一步处理和分析。

◇ **2 级数据的文件命名格式**

< satellite_code >_< instrument_id >_< start_date >_< end_date >_L2. dat 或 . txt

这里，L2 为 2 级数据标识，也可以标为“N2”。

(6) 数据文件存储格式

不同级别科学数据文件的存储格式由空间探测项目工程实施和用户需求决定。卫星数据中心根据不同的需求可以把工程处理后的数据存储为二进制文件、ASCAII 码文件(文本文档)、CDF 文件、NetCDF 文件、HDF 文件或图像文件等，然后再把处理好的数据文件发布到卫星数据中心门户网页上进行共享服务。

不同文件格式是计算机存储和处理数据的方式。其中，ASCII 码是基于拉丁字母编写的一套电脑编码系统，这种文本文件在磁盘中存放时每个字符对应 1 个字节(占 8 位)。二进制文件是以二进制(0、1)编码方式存放数据的，不同数据类型按照不同的字节长度存储在文件中。字节型数据占 1 个字节、整型数据占 2 个字节、长整型和浮点型数据占 4 个字节、双精度浮点型数据占 8 个字节。计算机使用二进制存储文件的优势有：

◇ **二进制文件比较节约空间**

在储存数字，特别是存储实数时，二进制更节省空间。例如，在储存 3.1415927 时，如果按 ASCII 码文件存放在磁盘中，这 9 个字符需要占 9 个字节(72 位)；如果按二进制编码方式的存储，这个双精度浮点型数据只需要占 4 个字节(32 位)。

◇ **使用二进制存储文件更快捷**

计算机内存中参加计算的数据都是用二进制格式存储起来的。如果存储为文本文件，则需要一个转换过程。在数据量很大的时候，两者就会有明显的速度差别。

◇ **使用二进制储存数据不会造成有效位的丢失**

相反，计算机在读入或存储小数点后面位数比较多的 ASCII 码数据时会发生截断现象。

1.5　数据科学应用分析

经过工程化处理的数据产品上传到卫星数据中心提供给用户使用。空间探测数据产品的用户包括空间科学与技术专业的本科生、地球物理和空间物理专业的研究生和科研人员、空间天气或空间环境预报人员等。用户获得工程化处理后的数据产品后，还需要对数据进一步进行处理和科学应用分析，包括读写数据文件、数据文件分类和批处理、坐标系转换、新物理量的导出、数据可视化、滤波、波谱分析、数据统计处理和拟合等。

在处理和分析空间探测数据之前，首先要根据地磁场的空间分布形状选择一个合理的空间坐标系，然后还得将卫星所测量物理量的空间变化和时间变化区别开来。从地面到大气层、电离层、等离子体层、辐射带/环电流区、外磁层（磁尾）和行星际空间所包含的等离子体（温度、密度等）和电磁场（强度和方向）通常是不一样的。甚至在相同高度但不同地方时上的空间环境特征也不相同，所以卫星在飞行过程中测量的物理量具有时间和空间上的双重变化。区分空间探测物理量的时间和空变化需要多颗卫星的组网观测。第二至八章将详细介绍空间探测数据文件的处理和科学应用分析方法。

习　题

1. 简述空间探测卫星和飞船的轨道类型和用途。
2. 卫星上的时钟比地面时钟快还是慢？请简述原因。
3. 空间探测数据可分为哪些类型？请简述每类数据及其用途。
4. 简述空间探测数据的分级处理流程。
5. 分析空间探测数据时需要考虑哪些变化因素？

第 2 章　数据文件读写操作和批处理

空间探测数据文件的存储格式较多，大多数格式的数据文件（如二进制文件、CDF、NetCDF 和 HDF 文件等）并不能直接使用处理文本文件的软件（如记事本、excel 等）来浏览或操作。不同格式的空间探测数据需要使用专业的计算机编程语言来读写或处理。其中，交互式数据语言（IDL）就是一门广泛应用于航天、军事、医学、地球物理和空间科学等领域的实验数据和图片处理的语言。它可以读写二进制文件、ASCII 码文件、CDF 文件、NetCDF 文件、HDF 文件或图像文件等[15-17]。国际上很多卫星数据中心都会提供 IDL 版本的数据处理模块供用户使用。例如，法国 DEMETER 卫星数据中心、美国 THEMIS 和 Van Allen Probes 卫星数据中心等。

最具代表性的 IDL 数据处理软件就是由庞大的国际团队开发的空间物理环境数据分析系统（spedas）[18]。spedas 软件是开源的，可以免费获取（https://spedas.org/blog/）。利用 spedas 软件包的许多 IDL 函数和过程可以方便地查询、下载和处理国际日地物理（ISTP）相关的数十个卫星项目测量的空间物理数据。但是要学会使用它或者重新开发新一代卫星数据处理软件，首先要掌握基础的数据文件读写操作和数据可视化等编程技能。

2.1　IDL 编译器使用方法

IDL 编译器不仅提供了类似 C 语言和 Fortran 语言的快捷菜单编译模式，还增加了一个用户可以直接输入编译或查询命令的交互式控制台。现有的 IDL 语言编译器有多个版本，包括 IDL 8.3 和更新的版本。

图 2.1 显示了 IDL8.3 编译器界面。该软件界面采用中文菜单（顶部），软件窗口包括项目资源管理窗口（左中）、程序文本编辑窗口（右中）、IDL 控制台、历史命令和问题显示窗口（底部）。

在打开 IDL 编译器后，用户可以点击 F1 键盘、点击 IDL 编译器界面顶部的“帮助”菜单、或者在控制台中输入“?”就可以打开帮助系统。帮助系统包括内容（contents）、索引（index）、搜索（search）和收藏夹（favorites）4 种形式获得想要查询的内容。也可以通过在控制台中输入“?”+需要查询的过程或函数的特征字符，就可以直接打开并定位要查询关键内容。例如：

```
IDL> demo ;查看 IDL 功能范例
IDL> ? plot ;查看 plot 过程或函数的使用方法
```

用户可以直接通过“窗口”菜单来增大或减小界面字体大小，以及调出不同的显示窗口等。用户只要将鼠标放置在程序文本中的函数或过程名上，即可显示当前所使用的 IDL 库函数或过程的语法格式和关键字等。

2.1.1　新建 IDL 工程

IDL 工程就是用来存储用户编制的程序文件的文件夹。用户安装 IDL8.3 软件时，会在

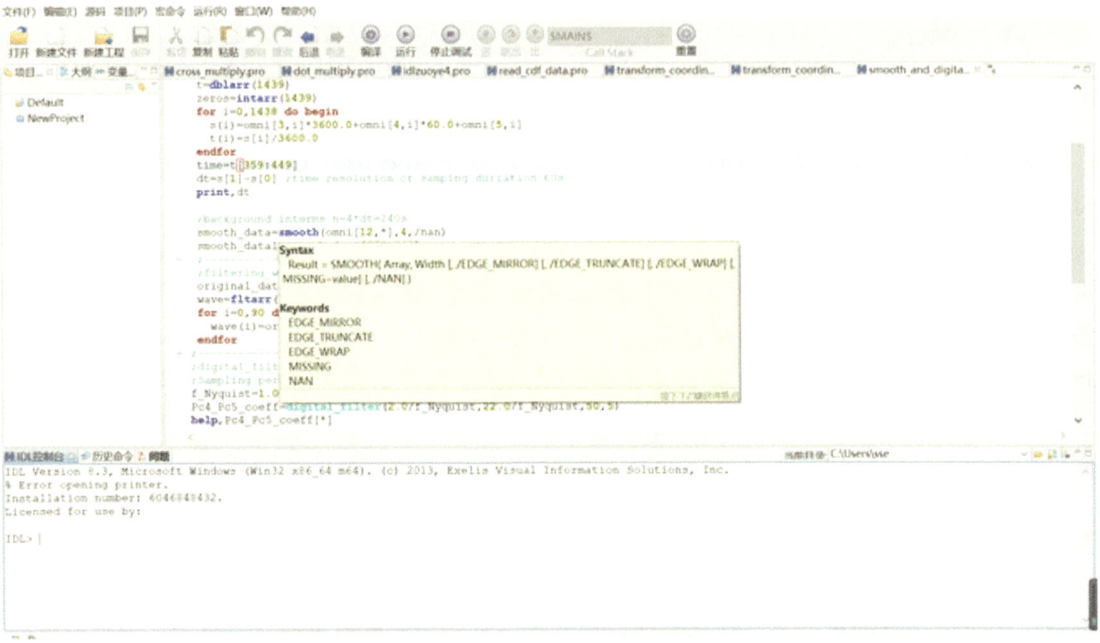

图 2.1　IDL8.3 编译器界面

系统盘(C 盘)中自动生成一个名为“IDLworkspace83”的文件夹。打开 IDL8.3 编辑器,点击编译器界面顶部的快捷按钮“新建工程”,就会弹出如图 2.2 所示的窗口,并且会自动生成“NewProject”的工程名。如果提示当前工程名已被其他工程使用,则用户需要重新命名一个工程名。新建工程的名称最好能直接反映出它的数据处理功能。输入工程名字符以后,就可以选择新建工程的存储路径了。默认的是将新建工程存放“在当前工作台中创建新的 IDL 工程”中,即将新创建的工程夹存入“IDLworkspace83”文件夹中。但是,用户在数据处理过程中会产生很多的数据处理工程模块,如果都放在同一个文件夹中,会太多太乱,不方便查找代码。建议用户选择一个已存在的其他目录来创建一个新的工程文件夹存放程序,要求用户在创建工程前提前在硬盘中新建一个文件夹。选择好工程存储文件夹以后,点击“完成”即可。

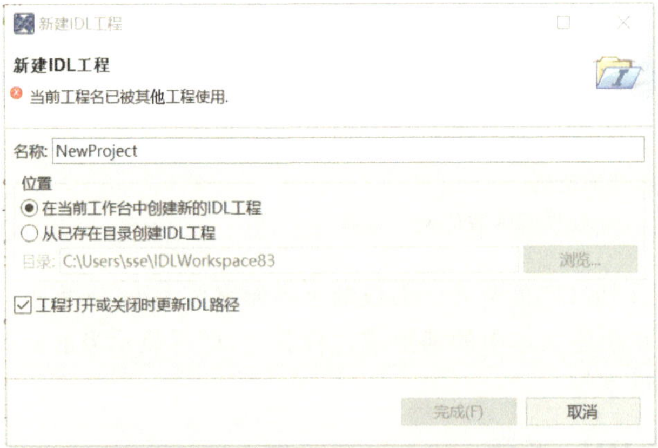

图 2.2　新建 IDL 工程对话框

2.1.2　新建 IDL 程序文件

当创建好 IDL 工程以后，点击快捷按钮 “新建文件”即可创建一个程序文档。IDL 程序以“pro” (红色字体)开头，后跟程序名称(绿色字体)。从第二行开始是用户编制的数据处理代码，最后以“end” (红色字体)结束。

例如，执行“example_of_hello.pro”代码打印出变量 a 的数值：

```
;===========================================================================
pro example_of_hello
  a = 1.0
  print,"a =  ",a
end
;===========================================================================
```

编制好数据处理代码以后，点击快捷按钮“保存”即可将程序文档自动保存在新建的 IDL 工程文件夹中。注意：在保存 IDL 程序文档时，编译器会自动生成一个用户在“pro”后面定义的程序文件名，例如，上面例程保存的文件名为“example_of_hello.pro”。用户不能将自动生成的文件名改为其他名称，否则会导致程序文件编译出错，问题窗口提示“找不到可执行文件”。当用户编制并正确地保存了程序文档以后，就可以点击 “编译”和“执行”快捷按钮调试和运行程序。

2.2　IDL 程序设计

2.2.1　IDL 数据类型及其转化

(1) 单一数据类型的定义

在进行空间探测数据处理或科学计算时，需要定义一个变量来存取数据，以便进行下一步的科学计算或者画图等。用户在定义变量时，需要给变量赋一个初值来确定变量的数据类型。IDL 有 12 个基本的数据类型，每个数据类型都有自己的常量形式。分配给变量的数据类型取决于创建变量时使用的语法，或者是一些更改变量类型的操作结果。

表 2.1 列出了 IDL 的数据类型。处理不同类型的数据要求计算机的 CPU 性能不一样。32 位的计算机处理无符号长整形以下的数据没问题，其他类型的数据只要其真实值在 $0\sim2^{31}-1$ 这个范围内也可以处理，譬如 a=1000000.0D。但是，当数据值(如 $x=10^{33}$)超过了 32 位数值上限($2^{31}-1$)时，就不能使用 32 位计算机处理了。通常，性能越好的计算机处理数据越快。IDL 浮点数的精度在一定程度上也起决于所用的计算机性能，以及用于编译 IDL 可执行文件的编译器版本等。

表 2.1　IDL 数据类型

数据类型	描　述	组　成	位/字节	范　围
byte	字节型	数字	8/1	0～255

续表 2.1

数据类型	描 述	组 成	位/字节	范 围
int	有符号整型	正负号和数字	16/2	−32 768～32 768
uint	无符号整形	数字	16/2	0～65 535
long	有符号长整型	正负号和数字	32/4	$-2^{31}\sim 2^{31}-1$
ulong	无符号长整型	数字	32/4	$0\sim 2^{31}-1$
long64	64 位长整型	正负号和数字	64/8	$-2^{63}\sim 2^{63}-1$
ulong64	无符号 64 位长整型	数字	64/8	$0\sim 2^{64}-1$
float	浮点数	数字、小数点、正负号和浮点数标记 E	32/4	$-10^{38}\sim 10^{38}$
double	双精度浮点数	数字、小数点、正负号和浮点数标记 E	64/8	$-10^{308}\sim 10^{308}$
complex	复数	数字、小数点、正负号和浮点数标记 E 和复数标示 i	64/8	$-10^{38}\sim 10^{38}$
dcomplex	双精度复数	数字、小数点、正负号和浮点数标记 E 和复数标示 i	128/16	$-10^{308}\sim 10^{308}$
string	字符串	汉字、数字、字母及 ASCII 码中可打印的其他专用字符	每个字符占一个字节	0～32 767 个字符

◇ 使用单一数据类型注意事项

① 当定义一个范围在−32767～32767 之间的整数时，如果不用表示符 B、S、L 等，IDL 默认的整数是 16 位的有符号整型。例如：

```
IDL>  a = - 32767
IDL> help,a
A               INT       =    - 32767
```

② 检查整数溢出。

例如，在执行 250×300 时，正确的答案是 75000。但最大的无符号整形是 65535，计算的结果错误地显示为 9464（=75000～65535)。

```
IDL> y = 250 * 300
IDL> print,y
    9464
IDL> y = 250 * 300L
IDL> print,y
       75000
```

③ 避免数量级相差巨大的浮点数之间的加减运算。例如：1 000 000.00+0.01 近似地等于 1 000 000.00。

④ 避免浮点数的等量运算，例如 100 个 0.05 加在一起有可能不等于 5.0。

⑤ 避免不同类型的数据进行比较。例如，不要将整形数据与浮点型数据进行比较。当用 if 或 where 设置条件语句时，需要将所用变量统一成相同的数据类型，然后再进行条件判断。

(2) 复合数据类型

IDL 提供了数组、结构体、指针和对象等复合数据类型，作为各种单一数据类型变量的容器。用户并不能创建复合数据类型的常量,但可以创建复合数据类型的"空"变量。IDL 复合数据类型变量中包含的实际数据值将始终是一个或多个单一数据类型。复合数据类型的定义和使用方法可参照现有的一些 IDL 专业书籍[15-17]。

2.2.2 IDL 函数

IDL 函数由函数名加括号组成。IDL 函数是用来实现某种运算过程的功能单元,它可以被过程或其他函数多次调用,从而使程序形成模块化结构,避免多次编写相同的任务程序。函数一般将一个操作加载到一个程序模块中,并用 return 返回结果。函数分为两大类:

(1) 用户自定义函数(function)

当 IDL 自带的库函数不能实现用户的计算需求时,用户可以通过编译器自己编制一些数值计算或画图函数模块,这样不能认识时候用户需要进行相同的计算时,就可以给自定义函数一个输入值,执行后输出一个结果。

◇ 自定义函数语法格式

```
function f_name, input_parameter {,keywords}
  result1 = statement1
  result2 = statement2
    …
  resultn = statementn
  return, result1,result2,…resultn
end
```

这里,f_name 为用户定义的能够直观地体现函数模块功能的函数名;input_parameter 是待输入函数的形式参数;keywords 为用户可选择的关键字,{ }表示里面的关键字是可选择性的。

◇ 函数编译和调用格式

@ f_name ;调用前先编译需要调用的函数。

```
f_name(input_parameter1, input_parameter1…, keyword1,keyword2 …)
```

调用函数需要将输入参数和关键字用()括起来。input_parameter1,input_parameter1,…是用户输入函数的实参。keyword1,keyword2…为用户可选择的关键字。例如,自定义一个计算磁压力的函数:

```
;==========================================================================================
function calculating_magnetic_pressure,B_magnitude
  u0 = 1.0 ;gs unit
  magnetic_pressure = 0.0   ;定义磁场强度的数据类型为浮点数,其单位为 nT
  magnetic_pressure = B_magnitude^2 * 1E - 10/(2.0 * u0) * 1000000.0 ;nPa
  return,magnetic_pressure
end
;------------------------------------------------------------------------------------------
pro plotting_pressure
```

```
  B_magnitude = [10.0,5.4,15.6,20.3,13.0,7.2,12.5]
  magnetic_pressure = fltarr(7)
for i = 0,6 do begin
 magnetic_pressure(i) = calculating_magnetic_pressure(B_magnitude[i])
endfor
 plot,B_magnitude[ * ],magnetic_pressure[ * ]
end
; ==========================================================================
```

在调用 calculating_magnetic_pressure()函数时，只要给定输入的实参 B_magnitude，函数就输出一个结算结果 magnetic_pressure，而且在计算前需要定义 magnetic_pressure 的数据类型。

◇ 使用注意事项

① 保存函数的文件名必须与 function 后的函数名"name"相同。点击保存按钮后，一般由 IDL 自动生成函数名即可。

② 函数调用前先编译，并给函数的每个参数赋值成为实参。然后通过实参来调用函数，且实参的排列顺序和数目和函数定义的参数一样，但其关键字的顺序和个数可以和函数定义的不一样。

③ 函数关键字是在函数调用时进行相互传输和交换的数据或者进行运行环境设置，可有可无。

④ 函数拥有自己的名称，每个函数名应该清楚地表示出函数模块功能，可以使用合法的标识符来命名。但其名称不能与变量、常数和关键字等重复。

⑤ 函数内声明的变量属于局部变量，也就是说在不同函数内声明的变量彼此互不相关，其作用域局限在该函数内。可以在不同的函数内允许声明相同局部变量名称。

⑥ 函数有特定功能，程序代码简单明确，可读性高而且容易调试和维护。

⑦ 为了提高重复用性能，每个函数都只应该执行起其名称定义的任务。如果无法用一个简单的名称来描述函数的功用，表明所定义的函数执行任务太多，最好将这种函数分解为几个更小的函数。

(2) 标准库函数

IDL 提供了大量的标准库函数，包括数学函数、字符串函数、数组函数、图形绘制函数等。表 2.2 给出了 IDL 库函数中一些常用的数值计算函数。

表 2.2 常用的 IDL 数值计算库函数

函数名	计算功能	示　例
Abs(X)	计算参数 X 的绝对值	print,abs(－! pi) 3.141 59
Sqrt(x)	计算 x 的平方根	print,sqrt(4.0) 2.000 00
Exp(X)	自然指数 e^x，e=2.71828	print,exp(1) 2.718 28

续表 2.2

函数名	计算功能	示　例
Alog(X)	自然对数 $\log_e x$	print,alog(10) 2.302 59
Alog10(X)	常用对数 $\log_{10} x$	print,alog10(10) 1.000 00
Sin(x)	求 x 的正弦值,x 的单位是弧度	print,sin(! pi/2.0) 1.000 00
Cos(x)	求 x 的余弦值,x 的单位是弧度	print,cos(! pi/3.0) 0.500 000
Tan(x)	求 x 的正切值,x 的单位是弧度	print,tan(! pi/4) 1.000 00
Asin(x)	反正弦函数 arcsin(x)的返回值是弧度值。输入参数 x 为 −1到+1 的浮点数	print,180/! pi * asin(0.5) 30.000 0
Acos(x)	反余弦函数 arccos(x)的返回值是弧度值。输入参数 x 为 −1到+1 的浮点数	print,180/! pi * acos(0.5) 60.000 0
Atan(x)	反正切 arctan(x)的返回值是弧度值	print,180.0/! pi * atan(1.0) 45.000 0
factorial	阶乘 n!（IDL8.2 以上版本的）	print,factorial(20) 2.432 902 0e+018
Ceil(X)	返回大于或者等 X 的最小整数值	print,ceil(! pi) 4
Floor(X)	返回小于或者等 X 的最小整数值	print,floor(! pi) 3
Cir_3pnt	给出三点坐标值,返回圆的半径和圆心	x = [1.0, 2.0, 3.0] y = [1.0, 2.0, 1.0] Cir_3pnt, x, y, r, x0, y0
Dist (N [, M])	创建一个数组,其中每个数组元素值与其频率成正比	Print,Dist(100)
Systime()	返回当前系统时间	print,systime() Thu Oct 18 17:07:19 2018

2.2.3 IDL 过程

IDL 主程序和子程序统称为过程。IDL 过程以 pro 开头,end 结尾。IDL 过程一般将一个或几个相关的操作整合到一个程序模块中。保存时自动生成以 pro 后面的程序名为文件名,以.pro 为文件后缀的 ASCII 码文件。创建和保存一个 IDL 主过程文档在 2.1.2 节已经作了介绍。主过程名后面没有带其他参数关键字。

与主过程不一样,IDL 子过程名(p_name)后面带有形参(input_parameter)或可选关键字(keywords)。

◇ **子过程语法格式**

```
; ======================================================================================
pro p_name, input_parameter {,keywords}
    statement_1
    statement_2
        …
    statement_n
end
; ======================================================================================
```

子过程可以被主过程、其他子过程或函数调用。在调用前先用“@ p_name”自动编译。

◇ **调用格式**

```
@ p_name
p_name, input_parameter1,input_parameter2…, keyword1, keyword2…
```

这里的实参(input_parameter1,input_parameter2…)已经是赋值的参数和相应的执行结果,要求实参的排列顺序和数目与子过程定义的参数一样,但其关键字的顺序和个数可以和子过程定义的不一样。

例如,利用例程数据库(D:\Space data)中 TC1 卫星探测的质子数密度和温度数据(TC1_ion_data. TXT)计算等离子体的热压,其代码如下:

```
; ======================================================================================
pro calculating_plasma_pressure,density,temperature,plasma_pressure
  k = 1.3807E - 16
  plasma_pressure = 2.0 * density * k * temperature * 1.0E14   ;nPa
end
;--------------------------------------------------------------------------------------
pro Calling_the_process_of_calculating_plasma_pressure
  file = 'D:\Space data\TC1_ion_data.TXT'
openr,lun,file,/get_lun ;通过自动获取文件通道号 lun 打开数据文件来读
  dens = dblarr(8,7) ;将变量 dense 设置为一个 8 列 7 行的二维双精度数组
readf,lun,dens ;通过引用文件通道号 lun 来读取文件的数据存到变量 dens 中
free_lun,lun ;释放文件通道号
  s3 = dblarr(7)
for i = 0,6 do begin
    s3(i) = dens[3,i] * 3600.0 + dens[4,i] * 60.0 + dens[5,i]
endfor
  t3 = s3/3600.0 ;in hour
  density = dens[6, * ]
  temperature = dens[7, * ]
;calling the process
calculating_plasma_pressure,density,temperature,plasma_pressure
  p = plot(t3[ * ],plasma_pressure[ * ],dimensions = [700,600], $
```

```
    margin=[0.14,0.12,0.05,0.05], $
    ystyle=1,yrange=[0.04,0.08],xtitle='UT',ytitle='density')
end
;=============================================================================
```

在调用 calculating_plasma_pressure 过程时，只要给定输入的实参 density 和 temperature，过程就输出一个结算结果 plasma_pressure，而且不需要定义 plasma_pressure 的数据类型。

◇ 使用注意事项

① IDL 过程名命名规则与变量名的命名规则一样，且过程名不区分大小写。但是字符串里的字母是区分大小写的。例如，在设计软件进行加密时，设置的口令字母要区分大小写。

② 保存过程的文件名必须与 pro 后的过程名相同。点击保存按钮后，一般由 IDL 自动生成函数名即可。

③ IDL 程序采用分号"；"表示注释内容开始，分号右边的绿色文字就是注释内容。

④ 由于 IDL 程序文本编辑窗口的宽度是有限的，所以窗口中每行输入的命令字符长度也是有限制的。太长的语句通常采用续行符"＄"分成上下两行来录入。

⑤ 对于太短的语句，如果都占一行，会增加程序文件的页数。因此，可以采用"&"符号将几短语句放在同一行上录入。例如：

x0＝0.12 & x1＝0.9 & y1＝0.96 & dy＝0.18 & y0＝y1－dy

除了自己编译的过程之外，IDL8.3 编译器的 lib 中自带了一些画图或图片处理等过程可以直接调用。例如，利用 map_set 过程画世界地图：

IDL＞map_set,/continents　;Plotting the continents of world map

2.3　打开和关闭数据文件

2.3.1　打开二进制和 ASCII 码文件

在打开二进制或 ASCII 码数据文件进行读写之前，首先要设置好数据文件的存储根目录和文件名。有以下三种导入数据文件的方式：

(1) 如果只读取一个数据文件进行处理，可以通过 IDL 控制台输入 cd 过程导入到数据文件夹，然后通过 file＝'file_name.txt'或 file＝'file_name.dat'等导入需要读的数据文件。例如：

```
IDL>cd,'D:\Space data'
IDL>file='TC1_ion_data.txt'
IDL>openr,lun,file,/get_lun
IDL>print,lun
        100
```

(2) 通过 dialog_pichfile 函数提供一个标准的打开文件对话框让用户自行查找并选择文件；为了缩小查找的文件数量，可以使用关键字 filter 来过滤所要查找的数据文件，从而只显示匹配的文件。dialog_pickfile 主要用于数据处理软件界面的制作和操作。例如：

```
IDL > file = dialog_pickfile(filter = '* .txt')
IDL > openr,lun,file,/get_lun
```

dialog_pickfile 也能用于选择目录名而不仅是一个文件名。设置 Directory 关键字，在选择窗口内只列出目录而没有文件。

```
IDL > directory = dialog_pickfile(/directory)
```

(3) 当用户需要处理海量的数据文件时，需要通过编译文件代码设置输入数据文件名和根目录字符串或者通过 filepath 函数设置。例如：

```
file = 'D:\Space data\TC1_ion_data.TXT' 或
file = filepath('TC1_ion_data.TXT',root_dir = 'D:\Space data')
```

设置好数据文件名和存储路径之后，就可以通过 openr、openw 或 openu 过程来打开数据进行读写操作。openr 命令为打开一个存在的文件用于只读操作；openw 命令为系统自动新建一个文件以便写入数据，或者打开一个已经存在的文件进行数据写入操作；openu 命令为打开一个已经存在的文件并用于读写操作。

◇ **语法格式**

```
openr,lun,file,/get_lun
openw,lun,file,/get_lun
openu, lun, file,/get_lun
free_lun, lun
```

其中，lun 为文件存储在计算机逻辑单元的通道号。引用文件的逻辑设备号(lun)是 −2，−1，0，…，128 的长整型标量。其中 −2，−1，0 分别用于标准错误、标准输出和标准输入；1 - 99 为用户可以直接指定的逻辑设备号；100 - 128 可以使用关键字/get_lun 自动获取。由于相同程序中指定的文件设备号不能重复，所以通常不采用人工指定 1 - 99 逻辑设备号的方式，而是通过关键字/get_lun 让编译系统自动给文件分配逻辑设备号。在读取数据后用“free_lun，lun”释放逻辑设备号并关闭文件。

2.3.2 关闭二进制和 ASCII 码文件

当用户完成数据文件的读写操作后，需要关闭文件通道号，以便释放逻辑设备号。

① 关闭通过设备号打开的文件(包括没有使用/get_lun 获取自由设备号打开的文件)，同时释放逻辑设备号。

```
close,lun
```

② 关闭使用/get_lun 获取自由设备号打开的文件，同时释放逻辑设备号。

```
free_lun,lun
```

③ 关闭所有文件和逻辑设备号。

```
close,/all
```

2.4　读写 ASCII 码数据文件

2.4.1　读取 ASCII 码数据文件

◇ 语法格式

```
readf,lun, arg1,arg2,…{,format}
```

其中,变量 arg1 和 arg2 等是用来存取文件通道号 lun 对应的数据文件里的数据,{}表示 format 是可选择的关键字,使用时去掉大括号。

◇ 对于大小和长度已知的 ASCII 码数据文件,可以直接定义一个数组来读取。例如,用 readf 将 Goesmagneticfield. TXT 数据读入数组 magnetic_field 中:

```
;=====================================================================================
pro read_data_file_and_write_data
  file='D:\Space data\2007magneticfielddata.TXT'
  openr,lun,file,/get_lun
  magnetic_field=dblarr(12,1440)
  readf,lun,magnetic_field
  ;info=fstat(lun)
  ;help,info
  ;print,eof(lun)
  free_lun,lun
  print,magnetic_field[0:10,*]
end
;=====================================================================================
```

◇ 对于时间长度(即行数)未知的数据文件时,可以用 while 循环先检测长度未知的 ASCII 码数据文件中的记录,循环条件用 eof(lun)函数判断是否读取到了文件的末尾,是返回"1"(真),否返回"0"(假),然后再用 readf 读取整个文件。

例如,读取一个时间系列未知的航行位置记录文件 position. dat[15]:

```
22:02:13.34UTC   -29.934 5S   -116.023 4W   234.2
22:02:14.33UTC   -29.955 7S   -116.023 2W   234.1
……
;=====================================================================================
```

```
function read_position,file,maxrec = maxrec
  ;- Check arguments
  if (n_elements(file) eq 0) then $
    message, 'Argument file is undefined'
  if (n_elements(maxrec) eq 0) then $
    maxrec = 10000L
  ;- Open input file
  openr, lun, file, /get_lun
  ;- Define record structure and create array
  fmt = '(2(i2,1x),f5.2,4x,f8.4,2x,f9.4,2x,f5.1)'
  record = {hour:0L, min:0L, sec: 0.0, $
    lat:0.0, lon:0.0, head:0.0}
  data = replicate(record, maxrec)
  ;- Read records until end-of-file reached
  nrecords = 0L
  recnum = 1L
  while (eof(lun) ne 1) do begin
    ;- Read this record (jumps to bad_rec: on error)
    on_ioerror, bad_rec
    error = 1
    readf, lun, record, format = fmt
    ;error = 0
    ;- Store data for this record
    data[nrecords] = record
    nrecords = nrecords + 1L
    ;- Check if maximum record count exceeded
    if (nrecords eq maxrec) then begin
      free_lun, lun
      message, 'Maximum record reached: increase MAXREC'
    endif
    ;- Check for bad input record
    bad_rec:
    if (error eq 1) then $
      print, 'Bad data at record', recnum
    recnum = recnum + 1
  endwhile
  ;- Close input file
  free_lun, lun
  ;- Trim data array and return it to caller
  data = data[0 : nrecords - 1]
  return, data
end
;==========================================================================
```

position.data 为 IDL 编译器自带数据库，调用读取文件的函数，并返回一个结构体数组：

```
result = read_position('position.data')
print,result[0].sec,result[0].lat
        13.3400          -29.9345
```

这种方法特别适合批量处理相同仪器在不同时间段探测的多个数据文件。相同仪器在不同时间探测的数据文件的时间长短(即数据行数)通常是不一样的,所以可以采用 while 循环和 eof(lun)函数结合处理。例如,下列程序用来处理 Demeter 卫星 ISL 仪器的数据:

```
;=============================================================================
function read_electrons,file,maxrec = maxrec
  ;- Check arguments
  if (n_elements(file) eq 0) then message,'file is undefined'
  ;seting the maximum number of the 'isldata' arrary of 'record' structure, $
  ; maxrec can be changed according to requirements
  if (n_elements(file) gt 0) then maxrec = 1000000L
  openr,lun,file,/get_lun
  ;defining the 'record' structure
  record = {time:lonarr(9),orb:fltarr(9),plasma:fltarr(3)}
  isldata = replicate(record,maxrec)
  ;- Read records until end - of - file reached
  nrecords  = 0L
  recnum  = 1L
  ;-------------------------------------------------------------------------------------
  while (eof(lun) ne 1) do begin
    ;If the file pointer is positioned at the end of the file, $
    ;EOF returns true (1),otherwise false (0) is returned.
    ;Read this record (jumps to bad_rec: on error)
    on_ioerror, bad_rec
    error = 1
    readf,lun,record;,format = fmt
    ;error = 0
    ;- Store data for this record
    isldata[nrecords] = record
    nrecords = nrecords  + 1L
    ;- Check if maximum record count exceeded
    if (nrecords eq maxrec) then begin
      free_lun, lun
      message,'Maximum record reached: increase MAXREC'
    endif
    ;- Check for bad input record
    bad_rec:
    if (error eq 1) then print,'Bad data at record', recnum
    recnum = recnum  + 1
  endwhile
```

```
  ;- Close input file unit
  free_lun, lun
  isldata = isldata[0:nrecords - 1]
  return,isldata
end
;--------------------------------------------------------------------------------------
Pro read_isl_data
  file = 'D:\Space data\DMT_N1_1144_020260_20041118_180937_20041118_184324_lec.dat'
; Returning the number of elements contained in an array, expression or variable.
  electron_data = read_electrons(file)    ;调用函数读数据
  rows = n_elements(electron_data)
;--------------------------------------------------------------------------------------
  DorU = lonarr(rows)
  second = fltarr(rows)
  altitude = fltarr(rows)
  geocentric_lat = fltarr(rows)
  geocentric_long = fltarr(rows)
  geomagnetic_lat = fltarr(rows)
  geomagnetic_long = fltarr(rows)
  mc_ilwain = fltarr(rows)
  inv_lat = fltarr(rows)
  local_time = fltarr(rows)
  Mlt = fltarr(rows)
  Ed = fltarr(rows)    ;Electron density
  Ni = fltarr(rows)    ;Ion density
  ET = fltarr(rows)    ;Electron temperature
  plasma_data = fltarr(21,rows)

for i = 0L,rows - 1 do begin
    second(i) = electron_data[i].time[5] * 3600.0 + electron_data[i].time[6] $
      * 60.0 + electron_data[i].time[7] + electron_data[i].time[8]/1000.0
    altitude(i) = electron_data[i].orb[0]
    geocentric_lat(i) = electron_data[i].orb[1]
    geocentric_long(i) = electron_data[i].orb[2]
    geomagnetic_lat(i) = electron_data[i].orb[3]
    geomagnetic_long(i) = electron_data[i].orb[4]
    mc_ilwain(i) = electron_data[i].orb[5]
    inv_lat(i) = electron_data[i].orb[6]
    local_time(i) = electron_data[i].orb[7]
    Mlt(i) = electron_data[i].orb[8]
    Ed(i) = electron_data[i].plasma[0]
    Ni(i) = electron_data[i].plasma[1]
    ET(i) = electron_data[i].plasma[2]
    DorU(i) = electron_data[i].time[1]
    plasma_data( * ,i) = [float(electron_data[i].time[0]), $
```

```
    float(electron_data[i].time[1]),float(electron_data[i].time[2]), $
    float(electron_data[i].time[3]),float(electron_data[i].time[4]), $
    float(electron_data[i].time[5]),float(electron_data[i].time[6]), $
    float(electron_data[i].time[7]),float(electron_data[i].time[8]), $
    altitude[i],geocentric_lat[i],geocentric_long[i], $
    geomagnetic_lat[i],geomagnetic_long[i],mc_ilwain[i], $
    inv_lat[i],local_time[i],Mlt[i],Ed[i],Ni[i],ET[i]];
  endfor
  print,plasma_data[ * ,1]
end
; ==================================================================================
```

2.4.2 跳过数据文件中非数据文本的处理办法

为了方便用户使用数据，空间探测数据文件中除了科学数据之外，还包含有探测卫星项目名称、数据精度、仪器状态、物理量名称和单位等非数字类文件说明。这些非数字文本内容并不能采用数组或结构体来读取。如果用户只处理一个 ASCII 码数据文件，可以先用 UltraEdit 文本编辑器删除文档中一些非数字类型文件头和特殊符号，然后再用数组或结构体去读取数据，以便进行下一步计算或画图。

但是，人工删除文件头并不能用于批处理数据文件。在进行文件批处理时，通常采用以下两种方式跳过文件头等非数据文本：

(1) 利用 point_lun 过程跳过文件头

利用 point_lun 过程可以对文件指针进行定位，将文件指针移动到指定的位置。利用该过程可以跳过文件头描述的字符串，让程序只读数据部分。

◇ 语法格式

```
point_lun,lun,position
```

其中，参数 lun 为文件对应的逻辑设备号；参数 position 用于指定文件指针的位置，其单位为字节。跳过数据文件头读数据分三步：

第一步，用 UltraEdit9 文本浏览器打开数据文件，点击“编辑”菜单，找到“Hex 编辑”模式(如图 2.3 所示)。

第二步，将鼠标移动到数据测量开始日期的第一个数字上面，可以在 UltraEdit9 软件底部查到鼠标对应的位置参数，位置参数的第二列数字就是除去文件头的第一个测量数据的指针位置(见图 2.4)。3211 即是第一个数据的测量日期的位置 position。

第三步，利用 point_lun 跳过文件头固定数量的字节，再定义一个结构体读取有效数据。

例如，将 OMNI_HRO_1MIN_9666.TXT 数据文件指针由文件开头移动到 3211 个字节的位置，从而跳过文件头字符串内容，再用一个结构体数组去读数据。读数据时在数据输入格式 fomat 字符串中加上空格“1x”就可以跳过日期之间的特殊字符和空格键。

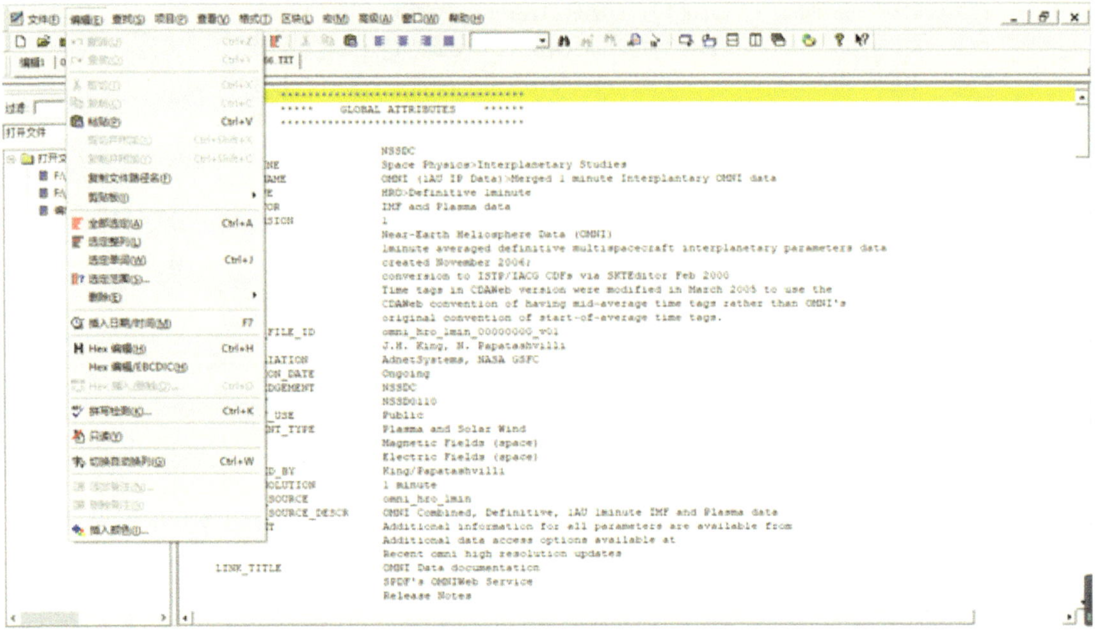

图 2.3　UltraEdit9 软件编辑界面

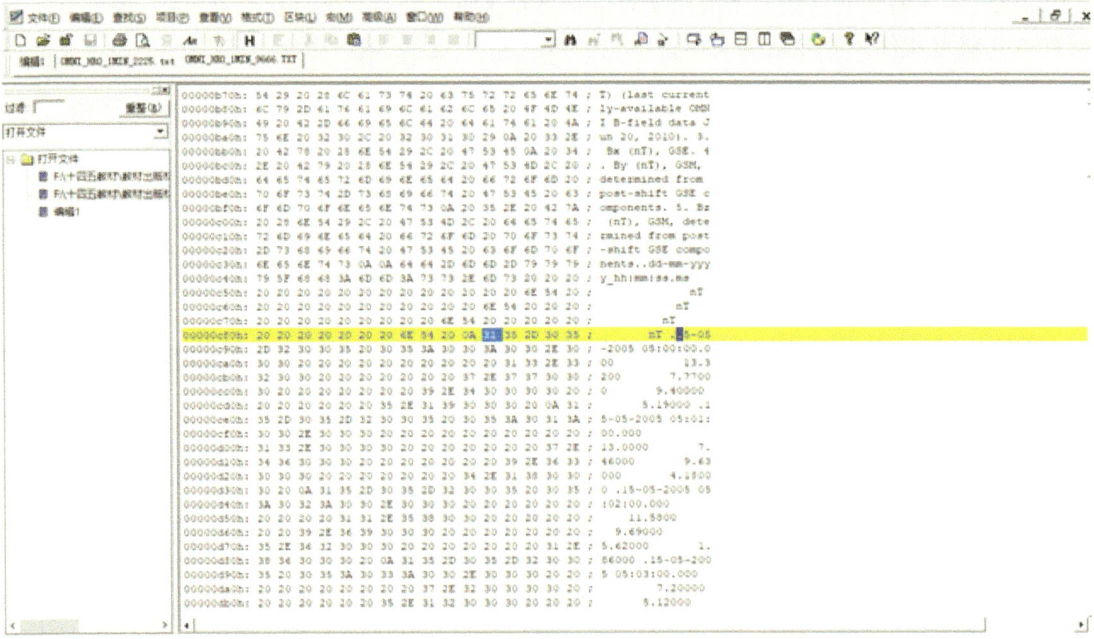

图 2.4　在“Hex 编辑”模式下的数据格式

```
;=============================================================================
pro Skiping_file_header_with_process_of_point_lun
  file = "D:\Space data\OMNI_HRO_1MIN_9666.TXT"
  openr,lun,file,/get_lun
```

```
  point_lun,lun,3211L
  IMF = {time_dd:0,time_mm:0,time_yyyy:0,time_hh:0,time_mi:0, $
    time_ss:0,time_ms:0,B:0.0,Bx:0.0,By:0.0,Bz:0.0}
  IMF_data = replicate(IMF,240)
  readf,lun,IMF_data, $
  format = '(i2,1x,i2,1x,i4,1x,i2,1x,i2,1x,i2,1x,i3,'+ $
  '1x,f18.3,1x,f18.3,1x,f18.3,1x,f18.3)'
  free_lun,lun
  print,IMF_data. B
end
; ==========================================================================
```

使用 format 格式读入数据容易出错，只要有一个数据格式的位数设置不对，所有读入的数据都是错的。为了避免读入数据出错，通常把每一行（即每个时间点）的所有数字和特殊字符都当作一个字符串，然后定义一个元素个数和数据时间数目相同的字符串数组来读取所有时间点的数据，并配合使用字符串输出或输入格式 format='(a)'即可将每一行的字符串所有字符读入字符串数组了。例如：

```
; ==========================================================================
pro Skiping_file_header_and_reading_data_with_a_string_array
  file = 'D:\Space data\GOES14_EPS - MAGED_5MIN_6340.txt'
  openr,lun,file,/get_lun ;打开文件
  point_lun,lun,7327L;运用通道打开文件，权限为读取，且去掉字头
  ;GOES14_data_min = '
  ;GOES14_string = replicate(GOES14_data_min,576)
  GOES14_string = strarr(576)
  readf,lun,GOES14_string,format = '(a)'
  free lun, lun
  print,GOES14_string[0]
end
; ==========================================================================
```

(2) 利用 skip_lun 过程跳过文件头固定函数

确定 point_lun 跳过的字节数比较繁琐。作为一种替代方式，可以使用 skip_lun 过程跳过以字节或行数指定的固定数量的数据，也可以跳过从当前位置到文件末尾的输入文件的其余部分。skip_lun 过程擅长跳过固定数量的文本行数，而不管每个文本行字节的长短是多少，它也可以跳过非普通磁盘文件中的数据（例如，来自互联网嵌套数据）。

◇ **语法格式**

```
skip_lun,lun,numbers{,/eof,/lines,transfer_count = variable}
```

其中，lun 是用 openr 打开的数据文件通道号。Numbers 是需要跳过的字节数或行数，在默认情况下，numbers 参数指定要跳过的数据字节数；要跳过固定行数时需配合使用关键字/lines。

{}中的可选关键字。设置/eof 该关键字忽略 numbers 给出的值(如果存在),而跳过 lun 中文件指针当前位置和文件末尾的所有数据。设置/lines 关键字以指示 numbers 参数指定要跳过的文本行数,将 transfer_count 关键字设置为一个命名变量 variable,该变量将包含跳过的数据量。如果指定了 lines,则该值是文本的行数,否则它是字节数。transfer_count 主要与 eof 关键字一起使用。如果没有指定 eof,transfer_count 与 numbers 指定的值相同。

例如,利用 skip_lun 过程跳过 GOES14_EPS－MAGED_5MIN_6340. txt 文件中的前 63 行文件头文本,其代码为:

```
;=====================================================================================
pro Skiping_file_header_from_a_gaiven_line
  file='D:\Space data\GOES14_EPS-MAGED_5MIN_6340.txt'
  openr,lun,file,/get_lun ;打开文件
  ;point_lun,lun,7327L;运用通道打开文件,权限为读取,且去掉字头
  skip_lun,lun,63,/lines
  ;GOES14_data_min='
  ;GOES14_string=replicate(GOES14_data_min,576)
  GOES14_string=strarr(576)
  readf,lun,GOES14_string,format='(a)'
  free_lun, lun
  print,GOES14_string[0:5]
end
;=====================================================================================
```

2.4.3 将数据写入 ASCII 码文件

首先用 openw 新建并打开一个空文件;然后再用 printf 将观测或计算的数据文件写入新建的文件中。

◇ **语法格式**

```
openw,lun,file,/get_lun
  arg1=fltarr(m,n) ;需要写入的变量赋值
printf,lun,arg1,arg2,…{,format=''} ;将数据写入 lun 通道号引用的文件
free_lun,lun                        ;关闭/get_lun 打开的文件通道号
```

例如:

```
IDL>data=lindgen(10,100) ;创建一个 10 列 100 行的长整型数组
IDL>openw,lun,filepath('output.dat',root_dir='D:\'),/get_lun
IDL>printf,lun,data,format='(10i6)'
IDL>free_lun,lun
```

◇ **注意事项**

在默认情况下,向一个文件中写入有格式的数据只能输出 80 列,超过将被自动换行写入,从而造成数据文件格式上的杂乱。例如:

```
IDL> data = findgen(400,5)  ;创建一个 400 列 5 行的单精度浮点类型索引数组
IDL> openw,lun,filepath('output.dat',root_dir = 'D:\'),/get_lun
IDL> printf,lun,data,format = '(400f13.3)'
IDL> free_lun,lun
```

◇ **改进措施**

在调用 Openw 或 openu 过程中可以在关键字/get_lun 前面加设置一个 width=整数 来输出任意列的数据，这样可以输出固定格式的数据。例如：

```
IDL> data = findgen(400,5)
IDL> openw,lun,filepath('output.dat',root_dir = 'D:\'),width = 500,/get_lun
IDL> printf,lun,data,format = '(400f13.3)'
IDL> free_lun,lun
```

2.5 读写 CSV 格式数据文件

CSV 格式数据文件是一种特殊的 ASCII 文件。CSV 文件是采用逗号“,”为分隔符的文件，每条记录占一行，包括文件头等字符串。这种数据容易导入 PC 表格和数据库中，所以是比较通用的一种文件格式。

2.5.1 读取 CSV 格式数据文件

◇ **语法格式**

```
data = read_csv(file_name,count = variable,header = variable,num_records = value,record_start =
value)
```

其中，file_name 为文件名。关键字 count 用来返回文件的数据行数；header 用来返回每一列的字段名，如果没有字段名，则返回空字符串值；关键字 num_records 用来设置读取几行数据，如果不设置该关键字，则默认为读取所有行的数据；关键字 record_start 用于设置从第几行开始读取数据。

read_csv 读取结果 data 是一个结构体数组，其成员分别是 field1，field2，…，fieldn(n 是读入文件数据的列数)。通过调用每个成员数组元素的下标来提取不同行(对应不同时间点)的数据值。用户也可以通过打印 data_name 变量来查询每列数据对应的物理量名称和单位。

例如，读取地球同步轨道 LANL 97A 卫星测量的 csv 格式的数据文件：

```
IDL> file = filepath('L7_K0_SPA_536899.csv',root_dir = 'D:\Space data')
IDL> Lanl_data = read csv(file,count = lines,header = data_name)
IDL> help,Lanl_data
** Structure <30187c00>, 5 tags, length = 43200, data length = 43200, refs = 1:
   FIELD1          STRING    Array[900]
   FIELD2          DOUBLE    Array[900]
```

```
  FIELD3          DOUBLE      Array[900]
  FIELD4          DOUBLE      Array[900]
  FIELD5          DOUBLE      Array[900]
IDL> print,data_name ;output the physical names and units
EPOCH__yyyy-mm-ddThh:mm:ss.sssZ EE_(50-225_KEV)_(@_135.0_keV)_e/(keV-cm2-ster-sec)
EE_(315-1500_KEV)_(@_900.0_keV)_e/(keV-cm2-ster-sec)
EP_(50-400_KEV)_(@_225.0_keV)_p/(keV-cm2-ster-sec) EP_(1.2-5.0_MEV)_(@_3100.0_keV)_
p/(keV-cm2-ster-sec)
IDL> print,Lanl_data.field2[0:3]
      31474.500      30087.900      29298.800      29956.500
IDL> print,Lanl_data.field3[0:3]
      73.543700      59.492600      60.387800      71.714200
```

2.5.2 将数据写入 CSV 格式文件

◇ **语法格式**

```
write_csv,file_name,data1,data2,…,header=string_array
```

其中,参数 file_name 为用 file_path 函数设置好的带路径的数据文件名。待写入数据 data1,data2,…可以是一维或二维数组或者是结构体。如果写入数据是一维数组,则写入的 csv 文件的列数就等于 n, csv 文件的行数就等于每个一维数组元数的个数。如果写入数据为二维数组,则它的列和行数就是存储后 csv 文件的列和行数。

此外,用户也可以把所有输入数据做成一个结构体 data1,该结构体中每个成员的数据类型可以不同,但要求每个成员的元素个数(相应时间点数)是相同的。这样 csv 文件的列数等于结构体 data1 的成员个数,行数等于结构体每个成员的元数个数。write_csv 过程是按列来写数据的。例如,把刚才的部分数据和文件头写入新文件 Lanl 97.csv 中:

```
IDL> Output_data_file = filepath('Lanl 97.csv',root_dir = 'D:\')
IDL> header = [data_name[0],data_name[1],data_name[2]]
IDL> write_csv,Output_data_file,Lanl_data.field1[0:2], $
             Lanl_data.field3[0:2],header
```

写入文件的内容为:

```
"2007-01-03T08:00:28.000Z",73.54370000000000,"EPOCH__yyyy-mm-ddThh:mm:ss.sssZ"
"2007-01-03T08:01:30.000Z",59.49260000000000,"EE_(50-225_KEV)_(@_135.0_keV)_e/(keV-
cm2-ster-sec)"
"2007-01-03T08:02:31.000Z",60.38780000000000,"EE_(315-1500_KEV)_(@_900.0_keV)_e/(keV-
cm2-ster-sec)"
```

2.6　读写二进制格式数据文件

2.6.1　读取二进制格式文件

与 ASCLL 码文件的读写方式不同,使用一些文本文档浏览软件(譬如记事本、写字板、word、UltraEdit 9)打开二进制文件时会显示乱码。因此,用户并不知道二进制文件的数据结构和信息。二进制数据文件的读取代码或数据存储格式一般由探测仪器数据处理报告或使用说明文件给出,用户只需根据数据格式说明书编制 IDL 代码读取数据即可。

IDL 语言通常用 readu 过程来读取 openr 打开的二进制数据文件。

◇ 语法格式

readu,lun,arg　;将 lun 通道号打开的数据读入到变量 arg 中。例如:

```
IDL> openr,lun,filepath('ctscan.dat',subdir='examples/data'),/get_lun
IDL> data = bytarr(256,256)
IDL> readu,lun,data
IDL> free_lun,lun
IDL> tvscl,data
```

◇ 如果知道文件的每行的记录数(列数),但不知道数据的行数,可用 fstat( )查询。

```
IDL> file = filepath('hurric.dat',subdir='examples/data')
IDL> openr,lun,file,/get_lun
IDL> info = fstat(lun)
IDL> ncols = 440L
IDL> nrows = info.size/ncols
IDL> data = bytarr(ncols,nrows)
IDL> readu,lun,data
IDL> free_lun,lun
```

◇ 读取混合数据类型二进制数据,先用 while **检测文件的长度,再用“**readu, lun, **匿名结构体” 读取数据。**

2.6.2　将数据写入二进制文件

◇ 语法格式

writeu,lun,arg1,arg2,…。例如:

```
IDL> openw,lun,filepath('binary.dat',root_dir='D:\Space data'),/get_lun
IDL> data = dist(256)
IDL> writeu,lun,data
IDL> close,/all
```

◇ 多个不同类型数据同时写入二进制文件时按先后顺序进行。例如,将文件头和数据写

入同一个二进制格式数据文件中：

```
IDL > data = dist(256)
IDL > info = size(data)
IDL > print, info
           2          256          256           4          65536
        纬度数        列数          行数        数据类型      数据个数
IDL > data = dist(256)
IDL > info = size(data)
IDL > print, info
           2          256          256           4          65536
IDL > openw, lun, dialog_pickfile(), /get_lun
IDL > info_size = n_elements(info)
IDL > print, info_size
           5
IDL > header = [info_size, info]
IDL > print, header
           5          2          256          256          4          65536
IDL > writeu, lun, header   ;先写入头文件
IDL > writeu, lun, data ;后写入 数据
IDL > free_lun, lun
```

◇ **从同一个二进制格式数据文件中读取不同类型的数据时也按先后顺序进行(知道数据维度和大小)。**例如，从同一个二进制格式数据文件分别读取文件头和数据：

```
IDL > openr, lun, dialog_pickfile(), /get_lun
IDL > header = lonarr(6)
IDL > readu, lun, header   ;先读文件头
IDL > print, header
           5          2          256          256          4          65536
IDL > data = lonarr(256,256)
IDL > readu, lun, data   ;后读数据
IDL > free_lun, lun
```

2.7 读写 CDF 数据文件

CDF(Common Data Format，通用数据格式)是用于存储多维数据的文件格式。它能够存储大于 2GB 以上的探测数据。但是，使用常规的文本文档浏览软件(譬如记事本、写字板、word、UltraEdit 9 等)并不能打开 CDF 文件。读写 CDF 文件需要使用专业的浏览软件和程序代码来实现。CDF 的相关软件可以从网上下载(http://cdaweb.gsfc.nasa.gov/pub/software/cdf)。

2.7.1 读取 CDF 数据文件

读取 CDF 文件最简单的方法就是直接调用空间物理环境数据分析系统(spedas)中的

loadcdf_all_variable 函数。最新版本的 spedas 开源程序可以从下列网址免费获取(http://spedas.org/blog/)或通过搜索关键字“spedas”获取最新的下载地址。下载后将解压缩后的 spedas_5_0 文件全部拷贝到安装好的 IDL8.3 文件夹的 lib 里，变成 IDL 编译器的库函数；然后重新打开 IDL8.3 编译器，将要读取的 CDF 数据文件名和路径赋给变量 cdf_file，并调用 loadcdf_all_variable 函数即可读取 cdf_file 的文件信息和数据。

loadcdf_all_variable 返回的变量 data 是一个结构体数组，通过 help 查阅 data 即可浏览 CDF 数据文件里的变量名、变量类型、数据维度，并通过引用结构体数组的成员值即可把数据读出来存在用户自定义的变量里，以便进行下一步计算或画图。

◇ **语法格式**

```
data = loadcdf_all_variable(cdf_file,g_attributes = g_attributes,atts = atts,var_structure = var_structure,_extra = extra_)
```

函数返回值 data 是一个结构体数组，cdf_file 是需要读取的 CDF 文件路径和文件名字符串。用户只需要给定需要读取的 cdf_file 文件，即可调用 loadcdf_all_variable 函数，其他关键字照抄即可。例如，下面的代码读取 CLUSTER C1 卫星的磁强计(FGM)测量数据：

```
;==========================================================================
pro read_CDF_data
path = 'D:\Space data\'
file = path + 'C1_CP_FGM_5VPS__20050824_060000_20050824_080000_V071113.cdf'
data = loadcdf_all_variable(file,g_attributes = g_attributes, $
  atts = atts,var_structure = var_structure,_extra = extra_)
help,data
Bxyz = transpose(data.B_VEC_XYZ_GSE__C1_CP_FGM_5VPS[ * , * ])
;print,Bxyz[ * ,0:2]
end
;==========================================================================
```

Help 和 print 的输出结果如图 2.5 所示。它给出了 CDF 文件的所有变量名和数组大小。通过引用结构体数组的每个成员值就可把对应的物理量打印出来。

2.7.2　将数据写成 CDF 文件

首先调用 create_struct 函数将需要写入的数据放入一个匿名结构体数组中，让后通过调用 makecdf 过程即可将结构体数组数据写入 filename 创建的 CDF 数据文件中。

◇ **语法格式**

```
structure_array = create_struct(tags, values1, ... name = string)
makecdf,structure_array,datanovary = datanovary,filename = filename, $
status = status, gattributes = gattr, vattributes = vattr, $
tagsvary = tagsvary, tagsnovary = tagsnovary, overwrite = overwrite
```

这里，tags 是字符串，它是需要写入的数据 values1 成员在新创建的结构体 structure_

```
IDL控制台 ⊠ 历史命令 问题
% Compiled module: STRFILTER.
** Structure <259c0a40>, 11 tags, length=1581952, data length=1581948, refs=1:
   TIME_TAGS__C1_CP_FGM_5VPS
                   FLOAT     Array[35949]
   HALF_INTERVAL__C1_CP_FGM_5VPS
                   FLOAT     Array[35949]
   B_VEC_XYZ_GSE__C1_CP_FGM_5VPS
                   FLOAT     Array[35949, 3]
   B_MAG__C1_CP_FGM_5VPS
                   FLOAT     Array[35949]
   SC_POS_XYZ_GSE__C1_CP_FGM_5VPS
                   FLOAT     Array[35949, 3]
   RANGE__C1_CP_FGM_5VPS
                   LONG      Array[35949]
   TM__C1_CP_FGM_5VPS
                   LONG      Array[35949]
   B_VEC_XYZ_GSE__C1_CP_FGM_5VPS_REPRESENTATION_1
                   STRING    Array[3]
   B_VEC_XYZ_GSE__C1_CP_FGM_5VPS_LABEL_1
                   STRING    Array[3]
   SC_POS_XYZ_GSE__C1_CP_FGM_5VPS_REPRESENTATION_1
                   STRING    Array[3]
   SC_POS_XYZ_GSE__C1_CP_FGM_5VPS_LABEL_1
                   STRING    Array[3]
      15.5050      7.60600      12.1170
      15.5600      7.38800      12.1080
      15.5280      7.47900      12.1020
IDL>
```

图 2.5　CDF 文件查询和输出结果

array 中的名称。values1 是 Tags 成员的值。name 字符串是新创建的匿名结构体名称。

```
;==========================================================================================
pro read_and_write_CDF_data
  path='D:\Space data\'
  file=path+'C1_CP_FGM_5VPS__20050824_060000_20050824_080000_V071113.cdf'
  ;read_CDF_file
  data=loadcdf_all_variable(file,g_attributes=g_attributes, $
   atts=atts,var_structure=var_structure,_extra=extra_)
  help,data
  Bxyz=transpose(data.B_VEC_XYZ_GSE__C1_CP_FGM_5VPS[*,*])
   Position_xyz=transpose(data.SC_POS_XYZ_GSE__C1_CP_FGM_5VPS[*,*])
  ;print,Bxyz[*,0:2]
  UT_time=transpose(data.TIME_TAGS__C1_CP_FGM_5VPS[*])
  ;-----------------------------------------------------------------------------------------
  ;write_CDF_file
  ;create a anonymous structure
  new_data=create_struct('time',UT_time,'SC_position_xyz_GSE', $
    Position_xyz,'B_xyz_GSE',Bxyz,NAME='newstructure')
  help,new_data
  ;;Creates a CDF file given an array of structures
  makecdf,new_data,filename='D:\new_C1_FGM_data.cdf', $
    tagsvary=['time','SC_position_xyz_GSE','B_xyz_GSE']
end
;==========================================================================================
```

2.8　读取 NetCDF 文件

NetCDF(network Common Data Form)主要用于大气科学数据研究，少数卫星数据也会存成 NetCDF 文件。NetCDF 文件基本性质包含变量、属性和维数：变量为标量或多维数组。属性包含一个变量或这个文件的附加性质，包含变量信息(如单位、有效范围、尺度因子等)的属性称作变量属性；包含文件信息的属性称作全局属性。属性可以是标量或一维数组，支持的数据类型为 string、byte、int、long、float 和 double。维数为长整形标量，记录了一个或多个变量的大小。表 2.3 给出了常用的 NetCD 文件的操作函数或过程。

表 2.3　NetCDF 文件的操作函数或过程

名　称	功　能	名　称	功　能
ncdf_open()	打开一个 NetCDF 文件只读(/nowrite)或读写(/wirte)	ncdf_attname()	返回一个属性名称
ncdf_close	关闭一个 NetCDF 文件	ncdf_create()	创建一个 NetCDF 文件
ncdf_varid()	返回一个变量标识符	Ncdf_dimdef()	创建一个维度
ncdf_varget	读取一个变量	Ncdf_vardef	创建一个变量
ncdf_attget	读取一个属性	ncdf_attput	写入属性数据
ncdf_inquire()	返回文件信息	ncdf_control	开始或结束定义模式
ncdf_varinq()	返回变量信息	ncdf_varput	写入变量数据

例如，读取 GOES 14 卫星测量的高能电子通量的代码如下：

```
;==============================================================================
pro read_netcdf_data_files
  file = 'D:\Space data\g14_epead_a16e_32s_20200228_20200228.nc'
  data_id = ncdf_open(file) ;打开 necd 文件
  nc_message = ncdf_inquire(data_id) ;查询文件信息
  help,nc_message
  ;------------------------------------------------------------------------------
  var_names = strarr(nc_message.nvars) ;定义变量名数组
  for i = 0, nc_message.nvars - 1 do begin ;循环获得每个变量名称
    var_message = ncdf_varinq(data_id,i)
    var_names[i] = var_message.name
  endfor
  print,var_names[ * ]
  ;------------------------------------------------------------------------------
  ;获取变量索引号
  var_id = ncdf_varid(data_id,'time_tag')
  var_id1 = ncdf_varid(data_id,'A2E_FLUX')
  var_id2 = ncdf_varid(data_id,'A3E_FLUX')
  ;读取变量值
  ncdf_varget,data_id,var_id,data
```

```
    ncdf_varget,data_id,var_id1,data1
    ncdf_varget,data_id,var_id2,data2
    print,data[0:5],data1[0:5],data2[0:5]
    ncdf_close,data_id
end
; ==========================================================================
```

其查询和输出结果如下：

```
% Compiled module: READ_NETCDF_DATA_FILES.
** Structure <2e1cbce0>, 4 tags, length=16, data length=16, refs=1:
   NDIMS           LONG                 2
   NVARS           LONG                22
   NGATTS          LONG                18
   RECDIM          LONG                 0
time_tag_orbit west_longitude inclination time_tag A1E_QUAL_FLAG A1E_CR A1E_FLUX A2E_QUAL_FLAG A2E_CR A2E_FLUX A3E_QUAL_FLAG A3E_CR A3E_FLUX A4E_QUAL_FLAG
A4E_CR A4E_FLUX A5E_QUAL_FLAG A5E_CR A5E_FLUX A6E_QUAL_FLAG A6E_CR A6E_FLUX
  1.5828480e+012  1.5828480e+012  1.5828481e+012  1.5828481e+012  1.5828481e+012  1.5828482e+012
    0.0477865      0.000000      0.000000      0.000000      0.000000      0.000000
     0.000000     0.0137332     0.0137332      0.000000     0.0137332      0.000000
```

图 2.6 NetCDF 文件查询和输出结果

2.9 读取 HDF 格式数据文件

分层数据格式(Hierarchical Data Format,简写 HDF) 是基于数据存储标识来存储和读写数据的文件格式。HDF5(h5)允许将相似的目标数据存为一组(即结构体),譬如光栅图像和科学数据等。

◇ **HDF5 数据文件的查询和读取步骤**

① 用 h5_browser(file,/dialog_read)函数来查询数据文件中的变量;

② 用 h5_parse(file,/read_data)函数读入数据。

例如:

```
IDL> file = 'D:\Space data\20050824_LANL - 97A_StdPSD.h5'
IDL> variable_information = h5_browser(file,/dialog_read)
IDL> structure_variable = h5_parse(file,/read_data)
```

◇ **注意**: structure_variable 是结构体,它的成员为 HDF 文件中的时间和物理量。因此需要用调用结构体成员的方式来读取每个数据。例如,在用 IDL 8.3 编译器编译下面的运行 h5_browser 或 h5_parse 函数后,可以直接查看 HDF5 的数据信息(如图 2.7 所示)。

```
; ==========================================================================
pro reading_HDF_files
  file = 'D:\Space data\20050824_LANL - 97A_StdPSD.h5'
  ;result = h5_browser(file,/dialog_read)
  result = h5_parse(file,/read_data)
  help,result,/struct
  time = result.isotime._data
  hr = float(strmid(time,11,2))
```

```
    mn = float(strmid(time,14,2))
    sec = float(strmid(time,17,2))
    epoch = hr + mn/60.0 + sec/3600.0
    K = result.K._data
    Lm = result.Lm._data
    Lstar = result.Lstar._data
    Mu = result.Mu._data
    PSD = result.phasespacedensity._data
    ;stop
end
; ==============================================================================
```

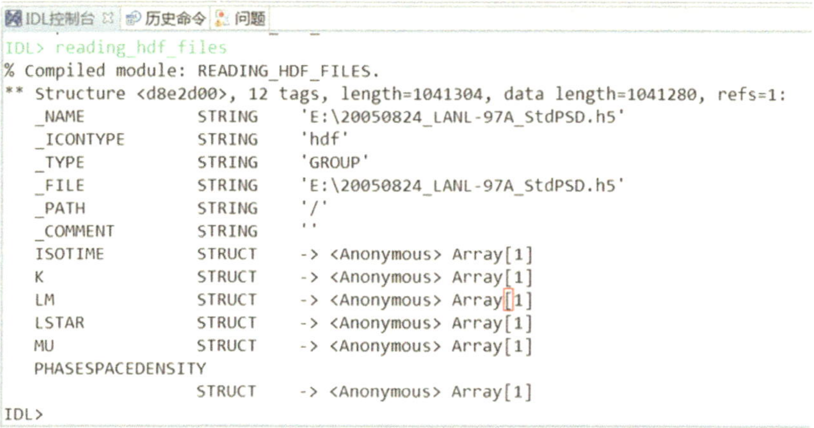

```
IDL> reading_hdf_files
% Compiled module: READING_HDF_FILES.
** Structure <d8e2d00>, 12 tags, length=1041304, data length=1041280, refs=1:
   _NAME             STRING    'E:\20050824_LANL-97A_StdPSD.h5'
   _ICONTYPE         STRING    'hdf'
   _TYPE             STRING    'GROUP'
   _FILE             STRING    'E:\20050824_LANL-97A_StdPSD.h5'
   _PATH             STRING    '/'
   _COMMENT          STRING    ''
   ISOTIME           STRUCT    -> <Anonymous> Array[1]
   K                 STRUCT    -> <Anonymous> Array[1]
   LM                STRUCT    -> <Anonymous> Array[1]
   LSTAR             STRUCT    -> <Anonymous> Array[1]
   MU                STRUCT    -> <Anonymous> Array[1]
   PHASESPACEDENSITY
                     STRUCT    -> <Anonymous> Array[1]
IDL>
```

图 2.7　运行 h5_parse 函数弹出的 HDF 文件物理量名称和结构

2.10　批处理数据文件

前面几节主要介绍单个数据文件的读写方法。在卫星数据工程处理或统计研究时，需要同时处理海量的空间探测数据文件。常用的批处理操作包括：搜索数据文件、查询文件信息、自动识别不同探测仪器的数据文件、进行数据文件分类、拷贝、剪切和删除等。

2.10.1　搜索数据文件

使用 file_search 函数可以搜索满足文件名描述的所有文件。这个函数通常用于对多个数据文件进行批处理时非常方便。

◇ **语法格式**

```
result = file_search(path,count = variable,/test_directory,/test_regular) 或
result = file_search(dir,recur_pattern,count = variable,/test_directory,/test_regular)
```

当函数 file_search 只使用一个参数时是标准查询模式，参数 path 用于设置查询的条件；当使用两个参数时是循环模式，参数 dir 用于设置查询的目录，参数 recur_pattern 用于设置查

询的文件名条件。关键字 count 用于返回满足查询条件的文件数目。关键字 test_directory 用于设置只返回查询到的文件夹，不包含文件；关键字 test_regulr 用于设置只返回查询到的文件，不包括文件夹。例如，在当前目录里查找所有的文件：

```
IDL> cd,'D:\Space data'
IDL> result = file_search(count = file_numbers)
IDL> print,file_numbers
          26
```

◇ **在当前目录里查找以 txt 或 dat 为后缀的文件**

```
IDL> cd,'D:\Space data'
IDL> result = file_search('*.{txt,dat}',count = file_numbers)
IDL> print,file_numbers
          14
IDL> result = file_search('*.txt',count = file_numbers)
IDL> print,file_numbers
          13
```

◇ **在当前目录里查找文件名以字符"g"开头的文件**

```
IDL> result = file_search('g*',count = file_numbers)
IDL> print,file_numbers
           5
```

◇ 如果想要查找指定路径下的数据文件和文件夹，需要在 file_search 函数中指定特定的路径即可。例如：

```
IDL> result = file_search('D:\Space data','*TC1*',count = file_numbers)
IDL> print,file_numbers
           3
```

◇ 如果想要查找指定路径下的数据文件，但不包括文件夹。例如：

```
IDL> result = file_search('D:\','*C1*',count = file_numbers,/test_regular)
IDL> print,file_numbers
          36
```

2.10.2 查询数据文件信息

◇ file_lines 函数用于查询 ASCII 码格式的文本文件的行数。查询的数据文件可以带文件头字符串，每行上的字符串也算一行。

◇ **语法格式**

```
lines = file_lines(file)
```

例如：

```
IDL> file = filepath('OMNI_HRO_1MIN_9666.txt',root_dir = 'D:\Space data')
IDL> rows = file_lines(file)
IDL> print,rows
                  302
```

◇ **注意事项**：file_lines 不能查询二进制格式文件。

例如，查询 D:\Space data 文件夹里的 binary.dat 二进制文件的函数：

```
IDL> openw,lun,filepath('binary.dat',root_dir = 'D:\Space data'),/get_lun
IDL> x = fltarr(50,100) ;原始数据为 50 列 100 行的数组
IDL> writeu,lun,x
IDL> free_lun,lun
IDL> file = filepath('binary.dat',root_dir = 'D:\Space data')
IDL> rows = file_lines(file)
IDL> print,rows
                    1
```

结果错误，正确结果应该为 100。

◇ fstat(lun)函数以结构体的形式返回文件通道号 lun 所引用的文件信息。

```
IDL> cd,'D:\Space data'
IDL> file = 'TC1_ion_data.txt'
IDL> info = fstat(lun)
IDL> help,info
** Structure FSTAT, 17 tags, length = 72, data length = 68:
   UNIT            LONG              100
   NAME            STRING    '
......
```

2.10.3　自动识别数据文件

在批处理海量的卫星探测数据文件时，需要编制代码识别不同探测仪器测量的数据文件名标识符，从而将数据文件进行分类管理。通常采用以下几种字符串操作函数来对数据文件名进行自动识别和批处理：

① strlen 用于统计字符串变量的字符数。

◇ **语法格式**

```
string_number = strlen(expression)
```

例如：

```
IDL> a = 'TC1_FGM_20040501_20050501_L1.txt'
IDL> number = strlen(a)
```

```
IDL > print,number
        32
```

② 函数 strpos 用于查找一个字符串(子串)在另外一个字符串(母串)中的位置,返回值为子串在母串中的下标(起始位置)。如果在母串中找不到子串,则返回−1。如果母串中包含多个子串,则返回母串中第一次出现子串的下标。

◇ **语法调用格式**

```
result = strops(mother_string,child_string,/reverse_search)
```

③ strcmp 用于比较两个字符串变量,**如果相同则返回 1,否则返回 0。**

◇ **调用格式**

```
result = strcmp(string1,string2,n,/fold_case)
```

例如:

```
IDL > a = 'TC1_FGM_20040501_20050501_L1.txt'
IDL > b = 'TC1_HIA_20040501_20050501_L1.txt'
IDL > c = strcmp(a,b,3)
IDL > print,c
   1
IDL > d = strcmp(a,b,5)
IDL > print,d
   0
```

④ strmid 用于从某个字符串变量中取出一个字符串。

◇ **调用格式**

```
part_word = strmid(string,pos,length)
```

例如:

```
IDL > a = 'TC1_FGM_20040501_20050501_L1.txt'
IDL > e = strmid(a,0,3)
IDL > print,e
      TC1
```

⑤ 函数 stjoin 可以将一个字符串数组连接为一整个字符串。不同的字符串也可以用"+"连接成为一个字符串变量。

◇ **调用格式**

```
joint_string = strjoin(string[,delimiter])
```

例如:

```
IDL> a='TC1_'+'FGM_'+'20040501_20050501_'+'L1.txt'
IDL> print,a
      TC1_FGM_20040501_20050501_L1.txt
```

⑥ 对于相同仪器在不同时间段探测的数据文件，可以采用通配符（*）来替代时间字符串，这样就能查询到该仪器在不同时间段测量的所有数据文件。例如，在当前目录里查找文件名中包括字符'TC1'的文件：

```
IDL> cd,'D:\Space data'
IDL> result = file_search('*TC1*',count = file_numbers)
IDL> print,file_numbers
           3
```

2.10.4　数据文件的分类管理

一旦自动识别到不同探测仪器生成的数据文件，需要新建一个新的文件夹，并把识别出来的数据文件拷贝或剪切到新建的文件夹中，以便进行分类管理和后续处理。

◇ file_mkdir **过程在当前的工作目录中创建一个子目录。**

```
file_mkdir, file1, ..., fileN{,/noexpand_path}
```

例如：

```
file_mkdir,'D:\plasma data'
```

◇ file_move **过程将识别到的数据文件剪切并粘贴到新建的文件夹里。**

```
file_move, SourcePath, DestPath{,/allow_same,/noexpand_path,/overwrite,/require_dirctory,/verbose}
```

例如：

```
file_move,['E:\Demeter\shiyuan\DMT_N1_1129*.dat'],'E:\Demeter\shiyuan\1129'
```

◇ file_copy **过程复制文件到一个新文件夹中。**

```
file_copy,source_path,dest_path {,/allow_same,/noexpand_path,/overwrite, /require_dirctory,/verbose}
```

例如，

```
file_copy,['H:\DEMETERdata\DMT_N1_1140*.dat'],'H:\04\1144'
```

下面展示了一个综合应用文件批处理代码的实例，它实现从 D:\Space data 文件夹中搜索含有“geotailbr1”字符串（即 GEOTAIL 卫星磁场数据）的数据文件，然后将满足搜索条件的数据文件拷贝或剪切到新建的分类文件夹“new_file”中。具体如下：

```
;==========================================================================================
pro file_batch_processing
  dir_input = 'D:\Space data\'
  file_mkdir,'D:\new_file' ; 在当前的工作目录中创建一个子目录
  dmt_file_input = file_search(dir_input + '* .txt')
;------------------------------------------------------------------------------------------
  if dmt_file_input[0] ne '' then begin
    N_file = n_elements(dmt_file_input)
    print,N_file
    for i = 0L,N_file - 1 do begin
      if strpos(dmt_file_input[i],'geotailbr1',/reverse_search) ne - 1 then begin
        print,dmt_file_input[i]
        ;file_move,[dmt_file_input[i]],'D:\new_file'
        ;将含有“geotailbr1”的数据文件从原文件夹中剪切到新建的文件夹中
        file_copy,[dmt_file_input[i]],'D:\new_file'
        ;将含有“geotailbr1”的数据文件从原文件夹中复制到新建的文件夹中
      endif
    endfor
  endif
End
;==========================================================================================
```

2.10.5 删除数据文件

使用过程 file_delete 可以删除文件或文件夹。

◇ 语法格式

```
file_delete,f1,…,fn,{,/recursive,/quiet}
```

其中，参数 f1，…，fn 设置为需要删除的文件或文件夹名；设置关键 recursive 允许命令删除非空文件夹，若未设置该关键字则默认不能删除非空文件夹；设置关键字 quiet 可以跳过不能删除的文件/文件夹，若未设置该关键字则默认在遇到不能删除的文件/文件夹时报告错误信息。例如：

```
IDL > file = 'D:\binarydata'
IDL > file_delete,file,/quiet
```

习　题

1. 使用什么函数可以搜索数据文件？用什么函数设置数据文件路径？

2. 使用什么函数可以查询 ASCII 码格式数据文件的行数？它是否可以用于查询二进制格式的数据文件？

3. 使用什么函数来打开一个存在的文件并用于只读？打开数据文件用来读写的函数有哪些？它们有啥区别？

4. 使用哪个函数可以判断是否读取到了文件的末尾？

5. 当把数据写入一个文件时，如果不想自动换行写，需要在 openw 过程后面设置哪个关键字？

6. 读取带有文件头文本的数据文件时，如果需要跳过 60 行的文件头，需要使用哪个过程来实现？

7. 利用 IDL 代码读取实验数据库中 OMNI_HRO_5MIN_239519. TXT 文件中的数据，并将错误数据用前一时刻的数据或者前后两个时刻的数据平均值替换掉。然后将替换后的所有数据写入到另外一个数据文件中。要求：

① 给出读写数据文件的程序代码；

② 新写的数据文件。

8. 实验数据库中 OMNI_HRO_5MIN_239519. TXT 文件中包含着地磁宁静（AE＜200nT 且 Dst＞－30nT）和地磁活动（AE≥200nT 或 Dst≤－30nT）的数据。利用 IDL 程序分别找出地磁宁静和地磁活动期间的数据，并保存为新的数据文件。这里，低纬度经度对称的地磁场的水平分量 SYM－H 数值可以近似代替 Dst 指数。要求：

① 给出数据的读写和处理程序；

② 将不同地磁活动情况下的时间和地磁指数保存为 ASCII 码格式文件和二进制格式文件。

9. 装好 CDF 文件查阅软件，并读取 l9_k0s_spa_20070103100029_20070103195930. cdf 文件中的物理量信息。要求：

(1) IDL 读取该数据文件中的 Epoch 时间和高能质子通量 spa_p_flx；

(2) 将读取的时间转化为小时为单位的时间数据，并在 IDL 控制栏输出前十个时刻的时间和高能质子通量。

第3章 数据可视化和图像处理

空间探测数据是一些抽象的实验数据，单凭数据很难直接看出数据所隐含的物理现象或规律性。因此，对空间探测数据进行科学分析之前，需要将数据转换为直观的图片或影像。对于ASCII码或CSV格式的文本文档数据，可以用Origin和Tecplot等画图软件直接载入数据绘图。但是，对于一些特殊格式的数据文件(譬如二进制、CDF或HDF格式等)，需要使用IDL代码来读取数据并可视化处理。

IDL代码具有两种绘图方式：函数绘图和过程绘图。IDL过程绘图属于直接图形法，用户绘图后并不能直接修改图片[15,16]。IDL函数绘图属于对象图形法，用户在画完数据图后还能对绘图结果进行标注、编辑和保存等后续处理[17]。在使用IDL函数或过程将数据可视化过程中，首先要配置画图颜色。

3.1 设置画图颜色

在利用IDL绘图时，用户根据需要可采用三种方法设置颜色：(1)使用颜色英文单词或首字母设置颜色；(2)通过颜色表索引号调用颜色；(3)使用tvlct过程配置颜色。其中，第一和第二种方法主要用于函数画图，第二和第三种方法可以用于过程绘图。

3.1.1 使用颜色英文单词或首字母

在将数据画成简单的数据线时，使用的颜色数较少，可以将颜色color设置为表3.1中的颜色英文字符或者首字母，默认为“黑色”。使用的颜色字符一定要用小写。例如：

```
IDL> x = findgen(20)
IDL> y = sin(x/180.0 * !pi)
IDL> p = plot(x,y,color = 'r')
```

表3.1 颜色英文单词和代码

英文字符	格式代码	颜色	英文字符	格式代码	颜色
blue	b	蓝色	magenta	m	品红
green	g	绿色	yellow	y	黄色
red	r	红色	black	k	黑色
cyan	c	青色	white	w	白色

如果需要使用较多的颜色，可以将画图函数的关键color值设置为图3.1中各种颜色的英文单词，但不能输入图中的数字。例如：

```
IDL> x = findgen(20)
IDL> y = sin(x/180.0 * !pi)
IDL> p = plot(x,y,color = 'red')
```

图 3.1　Plot 函数格式所用的颜色名称

3.1.2　通过颜色表索引号调用颜色

在调用颜色表之前，用户需要把“Codes for processing data”文件夹里的“color_index”程序直接拷贝到已经安装好的 IDL 文件包里的 lib 文件夹中，从而把 color_index 变成库函数。用户可以编译运行 color_index 代码查看颜色表索引号和数目，运行代码生成“Color Index Numbers”对话框，点击“Change Colors”——＞“XColors”，弹出 “Load Color Tables”对话框(如图 3.2 所示)，然后滑动对话框右边的下拉按钮即可查询可使用的颜色表索引号(table_index 为整数)和颜色配比情况。选择好颜色后，用户还可以左右滑动对话框中部的按钮调节所选择颜色表的颜色比率。

颜色表索引号是 0～74 的整数，不同数值对应着不同的颜色表。图 3.3 展示了第 58 号颜色表包含的颜色。每个颜色表包含 256 种颜色(! D. TABLE_SIZE＝256)，其颜色值为 0～255 的字节型数值。用户只需设置使用的颜色数值即可画图，譬如 color＝208(浅绿色)。如果用户不想使用当前的颜色表来画图，点击图 3.3 顶部的“Change Colors”——＞“XColors”按钮，等到弹出图 3.1 所示对话框以后，重新选择想用的颜色表(譬如选中“39”)，最后点击“Accept”按钮即可。

一旦用户确定了颜色表，可采用两种方式引用颜色表。第一种方式是通过设置 RGB_table=table_index(整数)来引用 table_index 对应的颜色表。RGB_table 通常作为画图函数的一个关键字使用。例如：

```
IDL> x = findgen(20)
IDL> y = sin(x/180.0 * !pi)
IDL> p = plot(x,y,RGB_table = 39,color = 240)
```

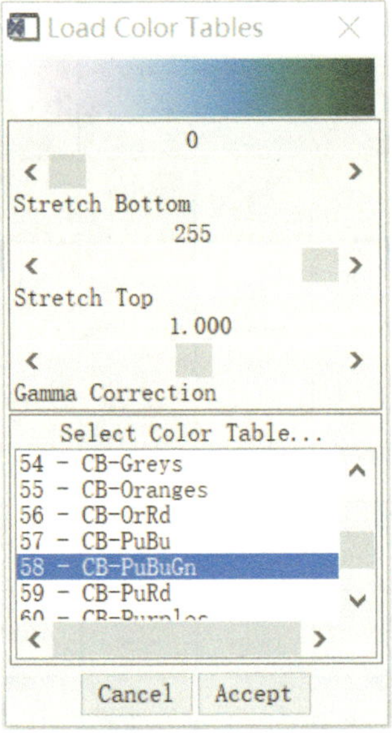

图 3.2　不同索引号对应的颜色表

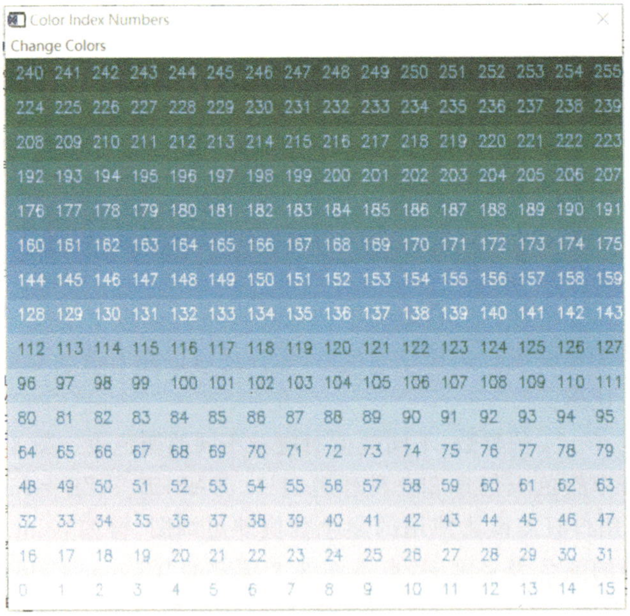

图 3.3　第 58 号颜色表

第二种方式是通过 loadct 过程来调用颜色表。IDL 画图过程在使用颜色表中的颜色前，必须先用 loadct 过程来装载所用颜色表，再通过设置画图背景颜色（background＝color_index）和前景颜色（color＝color_index）来使用颜色表中的颜色。

◇ **语法格式**

device，decomposed＝0；不分解颜色，采用 8 位假彩色模式，decomposed 默认值为 0。

```
loadct, n {bottom = value}
```

这里，n 是颜色表索引号，它是一些整数值（n＝0，1，2……74）。可选关键字 bottom＝value 设置要使用的第一个颜色值，默认 bottom＝0。例如：

```
IDL > device,decomposed = 0
IDL > loadct,39                    ;改变数字就改用不同的颜色表
IDL > tvscl,dist(256)
```

3.1.3　使用 tvlct 过程配置颜色

◇ **语法格式**

```
device,decomposed = 1 ;分解颜色,采用 24 位真彩色模式
tvlct,v1, v2, v3, {/hls,/hls}
```

这里，参数 v1，v2 和 v3 是用户定义的 RGB（red，green，blue）三个颜色值，它们可以是标量或数组。关键字/hls（hue，lightness，saturation）或/hsv（hue，saturation，value）用来设置颜色显示模式。例如：

```
IDL > device,decomposed = 1
IDL > r = bytscl(sin(findgen(256)))
IDL > g = bytscl(cos(findgen(256)))
IDL > b = bindgen(256)
IDL > tvlct,r,g,b,/get
IDL > tvscl,dist(400)
```

3.2　画数据线和散点图

IDL 函数绘图采用对象图形法。首先创建显示图形的窗口对象，然后在窗口中显示封装的图形对象，且图形对象一直保存在内存中，用户可以在图形生成后通过窗口对象对图形内容添加图形标注、画分界线、调整视角和保存图片等简单的操作。

3.2.1　画数据线图

IDL 8.3 编译器的 plot 函数可以画数据线或散点图，其画图结果（graphic）是一个窗口对象。plot 函数可以输入三种参数：(1) Y 数组；(2)X 和 Y 数组；(3)数学方程式（equation）。

◇ 语法格式

```
graphic = plot(Y{,数据线关键字}{,图形和坐标轴关键字})  或
graphic = plot(X,Y{,数据线关键字}{,图形和坐标轴关键字})  或
graphic = plot(equation{,数据线关键字}{,图形和坐标轴关键字})
```

plot 函数的输入参数和可选关键字由表 3.2 和表 3.3 给出。通过设置不同的关键字，用户可以设置图形窗口大小、位置、坐标轴刻度数和类型（线性或对数坐标）等，还可以设置画图数据范围、线性和颜色等。不同的数据可以用不同坐标显示或用相同坐标但不同线形或不同颜色的线条显示。

表 3.2 Plot 函数输入参数和数据线关键字

输入参数或关键字	功 能
X、Y 或 equation	数据精度(数目)相同的 X 和 Y 数据或数学方程式．如果没有指定 X，则将 Y 绘制为数据点顺序的函数
X|Y|Zrange=[min,max]	设置 X、Y 或 Z 数据画图范围 [min,max]，须跟 $X\|Y\|Z$style =1 配对使用
X|Y|Zstyle =1	强制执行 X、Y 或 Z 的画图范围 [min,max]
max_value=value, min_value=value	当数据中存在填充的错误数据或者数值相差几个量级以上的异常点数据时，设置这两个参数可以将数值大于 max_value 或小于 min_value 的数据忽略不画，以显示有效数据曲线
linestyle=0|1|2|3|4|5|6	按照指定的线型绘制数据线
thick=value	将此属性设置为 0～10 的值，该值指定绘图线的厚度；厚度为 0 表示所选设备上的细线，默认值是 1
symbol=0～24	设置画图符号
sym_size 和 sym_thick	分别用于设置符号的大小以及符号的线宽
sym_color	用于设置符号颜色(与 color 表格里设置一样)，如果不用 sym_color，则默认用 color 定义的颜色
sym_filled	用于填充符号为实心的，如果未设置则默认为空心符号
sym_filled_color	设置符号的填充颜色，如果未设置该关键字，则默认用 sym_color 定义的颜色填充
sym_transparency	用于设置符号的透明度，取值为 0～100 的整数，如果未设置，则默认透明度为 0
transparency	一个介于 0 和 100 之间的整数，指定绘图线的透明度百分比，默认值为 0
color='颜色英文单词或代码'	设置画图颜色，所用颜色英文单词或代码由表 3.3 和图 3.1 给出；也可以用 24 位整数的色彩之或[R、G、B]的 3 原色数组值调色，默认为“黑色”，注意：颜色关键字字符一定要用小写
bakcground_color =[r,g,b]	设置图形背景颜色字符串或 RGB 向量，默认值是[255,255,255](白色)
background_transparency	设置为 0 ～100 的整数，给出背景颜色的透明度百分比。默认值是 100 (完全透明)，注意：如果改变了 bakcground_color 属性，并且当前的背景透明度为 100，那么 background_transparency 将自动设置为 0(不透明)，以便看到新的颜色

表 3.3　图形和坐标轴关键字

坐标轴设置关键字	功　能
dimensions=[with, height]	设置图形窗口大小[宽,高](以像素为单位)
position=[x0,y0,x1,y1]	设置画图坐标在窗口中的 X 方向的起点 x0 和终点 x1、以及 Y 方向的起点 y0 和 y1,对于归一化坐标/normal,这四个点的值可取 0~1 的值
margin = [left, bottom, right, top]	用于设置图形四周空白的宽度,也可以通过设置画图位置 position 确定,两者只要一个
X|Y|Zlog 或 X|Y|Zlog=1	设置 X、Y 或 Z 为对数坐标。负数数值不会显示在图中
X|Y|Zmajor=integer, X|Y|Zminor=integer	分别设置画图坐标主刻度数以及两个主刻度之间的小刻度数
X|Y|Zticklen=value	设置刻度线的长短和方向,value≥1 时,用来在线画图上创建网格线。0<value<1 时用来设置向内的刻度线的长短,−1<value<0 可以创建向外的刻度标记 ,value 的大小决定刻度线或网格线的长短
tickfont_name	包含坐标轴文本的字体名称的字符串
tickfont_size	坐标轴文本字体的大小
tickfont_style	坐标轴文本字体的类型,0 为常规字体,1 为粗体字,2 为斜体字,3 为粗斜体字
X|Y|Ztickformat='(a1)'	隐藏任何一个坐标轴的标注,只显示刻度。该用法主要用在多幅图使用相同的横坐标(X)或纵坐标(Y)时,可以连续画而不显示前面的标注,最后再用 x|y|ztitle 来标出刻度标注
Axis_style=|0|1|2|3|4	设置坐标轴的类型。0 为不显示坐标轴。1 表示只在数据最小值那边显示一个轴,轴外的空白边沿由 margin 值确定;2 表示在数据最小值和最大值处显示两个 X(上下)、Y(左右)或 Z 轴;3 表示在每维数据中间位置上画十字交叉的轴。4 为不显示坐标轴,但是如果画多幅图时,其他图设置了坐标轴,该图用相同的空白边沿
/buffer 或 buffer=1	设置为 1,以将图形定向到屏幕外缓冲区,而不是创建窗口
/current 或 current=1	在当前窗口中创建图形。如果不存在窗口,则创建一个新窗口
/overplot 或 overplot=1	在当前画图坐标上叠加画第二类数据曲线

Plot 函数的画图线形由表 3.4 给出。当关键字 linestyle 取 0－6 范围内的一位整数值或格式代码字符时,plot 函数将画出不同的数据线。例如,linestyle=1 或':',表示画点线。

表 3.4　不同图线形对应的数值和代码

linestyle	格式代码	线形
0	—	实线
1	:	点线
2	--	虚线
3	-.	虚点线
4	-:	虚点点线
5	—	长虚线
6		无

例如，下列代码先读入 Cluster 1 卫星测量的 CDF 格式数据文件，再将数据画图，画图结果显示在图 3.4 中。

```
; ================================================================================
pro Plot_data_as_curves
  path = 'D:\Space data\'
  file = path + 'C1_CP_FGM_5VPS__20050824_060000_20050824_080000_V071113.cdf'
  data = loadcdf_all_variable(file,g_attributes = g_attributes, $
    atts = atts,var_structure = var_structure,_extra = extra_)
  Bxyz = transpose(data.B_VEC_XYZ_GSE__C1_CP_FGM_5VPS[ * , * ])
  help,Bxyz
  Position_xyz = data.SC_POS_XYZ_GSE__C1_CP_FGM_5VPS[ * , * ]
  UT_time = data.TIME_TAGS__C1_CP_FGM_5VPS[ * ]
  ;--------------------------------------------------------------------------------
  ;change time to hours,minutes and sesonds.
  row = n_elements(UT_time[ * ])
  hour = fltarr(row)
  for i = 0L,row - 1L do begin
    hour(i) = UT_time[i]/3600.0
  endfor
  print,min(hour[ * ]),max(hour[ * ])
  Bx = transpose(Bxyz[0, * ])
  By = transpose(Bxyz[1, * ])
  Bz = transpose(Bxyz[2, * ])
  help,Bx,hour
  ;--------------------------------------------------------------------------------
  p1 = plot(hour[ * ],Bx[ * ],dimensions = [900,800],position = [0.12,0.68,0.95,0.98], $
    linestyle = 0,xstyle = 1,xrang = [7.0,8.0], $
    ytitle = '!8B!X!Dx!n (nT)', xtickformat = '(a1)',color = 'b')
  t1 = text(0.15,0.72,'(a)',target = p1,color = 'k',font_size = 15)
  p2 = plot(hour[ * ],By[ * ],dimensions = [900,800],position = [0.12,0.38,0.95,0.68], $
    linestyle = 0,xstyle = 1,xrang = [7.0,8.0], $
    ytitle = '!8B!X!Dy!n (nT)',xtickformat = '(a1)',color = 'b',/current)
  t2 = text(0.15,0.42,'(b)',target = p2,color = 'k',font_size = 15)
  p3 = plot(hour[ * ],Bz[ * ],dimensions = [900,800],position = [0.12,0.09,0.95,0.38], $
  linestyle = 0,xstyle = 1,xrang = [7.0,8.0],xtitle = '世界时', $
    xtickname = ['07:00','07:12','07:24','07:36','07:48','08:00'], $
    ytitle = '!8B!X!Dz!n (nT)',color = 'b',/current)
  t3 = text(0.15,0.13,'(c)',target = p3,color = 'k',font_size = 15)
  p1.save,'D:\magnetic field.png',border = 20
end
; ================================================================================
```

注意：界定符!8 和!*X* 用来设置坐标名的物理量为斜体字，需要配对使用。如果不用!*X* 结束，后面输出的字体都是斜体字。例如，xtitle='!8x!X'，设置 *X* 坐标名为斜体的 x。

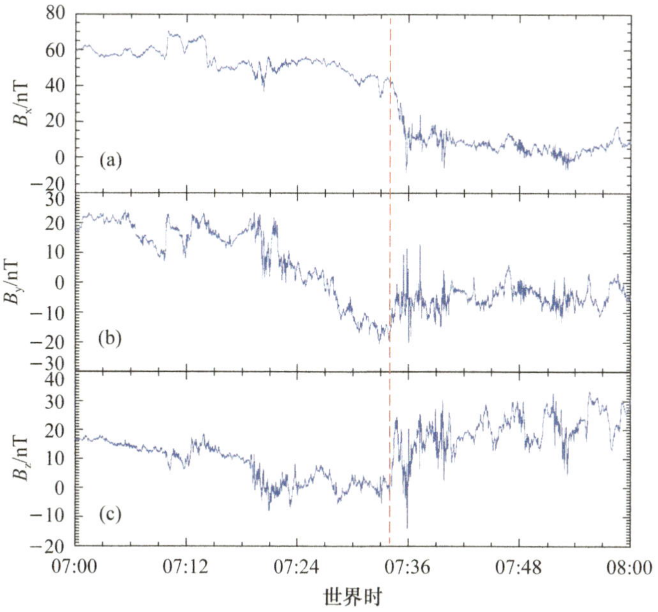

图 3.4　Cluster 1 卫星在 2005 年 8 月 24 日观测到的磁尾磁场偶极化(垂线位置开始)

3.2.2　画散点图

当统计两种探测数据之间是否存在着因果关系时，常常需要画一种数据随着另一种数据的散点分布图。用户可以设置 plot 函数关键字 linestyle＝6 和特殊字符(symbol＝24，sym_size＝1，sym_thick＝1)实现。例如，下列代码把 x 和 y 两组测量数据画散点图，画图结果显示在图 3.5 中。

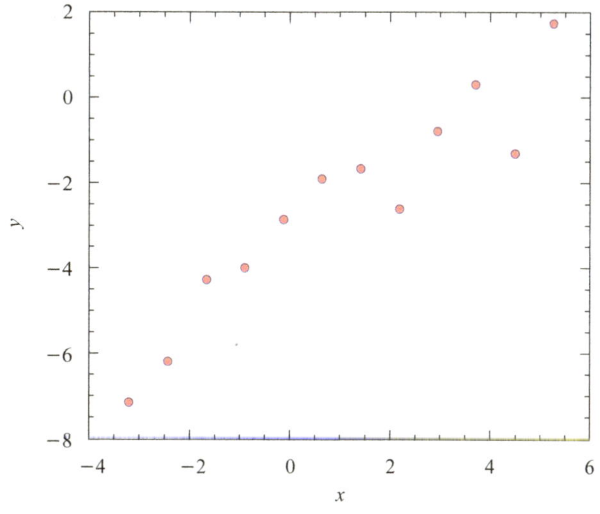

图 3.5　y 随 x 分布散点图

```
; ===============================================================================
pro Data_dots_plotted_with_plot_function
  x = [ - 3.20,4.49, - 1.66,0.64, - 2.43, - 0.89, - 0.12,1.41, $
       2.95,2.18,3.72,5.26]
  y = [ - 7.14, - 1.30, - 4.26, - 1.90, - 6.19, - 3.98, - 2.87, - 1.66,  $
       - 0.78, - 2.61,0.31,1.74]
  p1 = plot(x,y,dimensions = [600,500],position = [0.15,0.15,0.95,0.95], $
    linestyle = 6,symbol = 24,sym_size = 1,sym_thick = 1, $
    xtitle = '!8x!X',ytitle = '!8y!X',/sym_filled,sym_color = 'b', $
    sym_fill_color = 'r',sym_transparency = 50)
  p1.save,'D:\data dots.png',border = 20
end
; ===============================================================================
```

3.3 画误差棒图

当用户在对数据进行统计分析时，除了要获得探测数据的统计平均值或中值来反映物理量的平均水平之外，还需要计算统计样本数据的标准偏差来佐证统计值得好坏。相关的统计方法由第八章给出。这里先介绍如何画误差棒图。譬如，当利用低轨道卫星分析电离层等离子体密度的背景分布时，需要将卫星多年探测的数据按经纬度网格分类，然后计算每个统计网格(譬如经度 4 度×纬度 2 度)里的等离子体密度的平均值(Y)和标准偏差(err)。于是可以获得每个统计网格里等离子体密度的波动上限 Y＋err 和下限 Y－err。这样，就可以画同一纬度上的背景等离子密度随经度的变化了。

IDL8.3 以上版本的编译器提供了 errorplot 函数将数据曲线和误差棒同时画出来。errorplot 函数的输入参数和关键字由表 3.5 给出。许多用于 plot 函数的关键字也可以用到 errorplot 函数后面。

◇ 语法格式

```
graphic = errorplot(X, Y, Yerror {format,…})
```

表 3.5 errorplot 函数输入参数和关键字

输入参数或关键字	功 能
X、Y	数据精度(数目)相同的 X 和 Y 数据
Yerror	Y 值对应的误差。它和 Y 数组具有相同的元素个数
X|Y|Zstyle =1	强制执行 X、Y 或 Z 的画图范围 [min,max]
format	设置误差棒的颜色、符号、线型和厚度值的字符串。通常包括 1～4 个字符，且这些字符可以按任意顺序排列，但是区分大小写
其他关键字	与 plot 函数的关键字相同

例如：下列代码给出了一些随机数据 Y 和它们对应的误差 errors，其误差棒图由图 3.6 给出。

```
; ==========================================================================
pro ploting_data_with_errors
  x = findgen(10) + 1.0
  y = randomu( - 1L,10) + 10
  errors = findgen(10) * 0.025
  p = errorplot(x,y,errors,dimensions = [500,400], $
    position = [0.2,0.15,0.95,0.95],xtitle = '!8x!X',ytitle = '!8y!X')
  p.thick = 2
  p.sym_color  = 'pink'
  p.errorbar_color = 'blue'
  p.errorbar_capsize = 0.5
end
; ==========================================================================
```

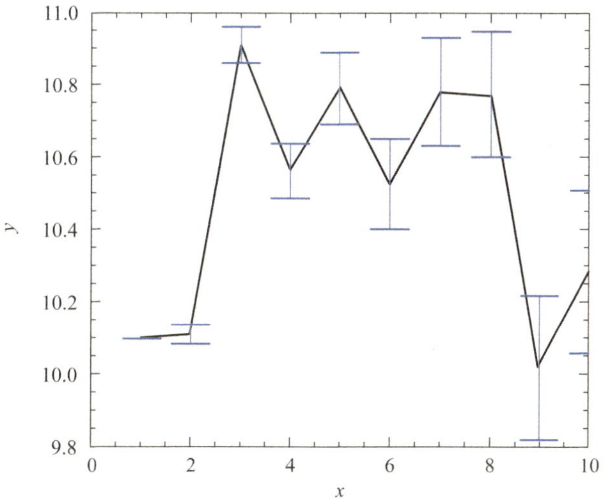

图 3.6　误差棒图

3.4　绘制条形棒图

在统计空间环境参数随着日、月、季节或年变化规律时，有时需要将每天、每月、每个季节或每年的数据求平均或中值，然后将数据绘制成一系列矩形条。IDL8.3 以上版本编译器提供了 barplot 函数绘制条形棒图。

◇ **语法格式**

```
graphic = barplot(locations,values,{,keywords })
```

barplot 函数的输入参数和关键字由表 3.6 给出。许多用于 plot 函数的关键字也可以用到 barplot 函数后面。例如，下列代码画出 2018 年 3 月 10 日的磁情指数(Kp 绝对值)，其结果如图 3.7 所示。

```
; ==========================================================================
pro barplot_Kp
  locations = dblarr(8)
  kp = [4,4, - 3, - 1,2,1,2,2]
  hour = [0,3,6,9,12,15,18,21,24]
  for i = 0,7 do locations(i) = (hour[i] + hour[i + 1])/2.0
  ;-------------------------------------------------------------------------
  p1 = barplot(locations,abs(kp),bottom_color = 'y',fill_color = 'r', $
    xrange = [0,24],xmajor = 9,xminor = 2, $
    dimensions = [600,500],position = [0.12,0.12,0.95,0.95], $
    xtitle = '时间 (h)',ytitle = '!8Kp!x')
end
; ==========================================================================
```

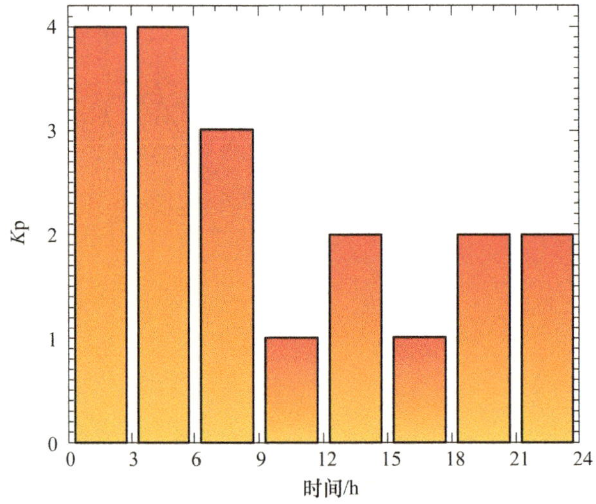

图 3.7　2018 年 3 月 10 日的磁情(*Kp*)指数

表 3.6　barplot 函数输入参数和关键字

输入参数或关键字	功　能
locations	设置各个柱体的横坐标位置。如果没设置，则默认为 values 各元素的下标值。
dimensions=[with, height]	设置以像素为单位的窗口的宽 width 和高 height
width	设置柱体的宽度(0～1，默认为 0.8)
layout	将此关键字设置为一个三元素向量[ncol, nrow, index]，用于在网格中排列图形。第一个维度 ncol 是网格中的列数，nrow 是行数，index 是放置图形的网格位置(从元素 1 开始)。如果指定了/operplot 或 position，则该属性将被忽略。
bottom_values	设置柱体纵坐标的起始值
bottom_color	设置柱体底部的色彩。如果该关键字设置，则柱体颜色从 bottom_values 到 fill_color 渐变
fill_color	设置柱体颜色

续表 2.1

输入参数或关键字	功　能
color	设置柱体边框的颜色
outline=1 或 0	默认 1 为给图形四周加上边框,0 为不加
/horizontal	画水平浮动阴影条形图。忽略则画纵向排列的条形图
其他关键字	与 plot 函数的关键字相同

3.5 绘制等值线图

与地面天气预报所用的气压和气温等值线图一样,空间物理研究和空间天气预报过程中也需要将一些探测数据画成等值线,譬如等离子体热压、磁压力和电磁场强度的空间分布和梯度等。IDL8.3 以上版本编译器的 Contour 函数可以将任意二维数据 z=f(x,y)或二元函数绘制成等值线图,而不管 x 和 y 是否有规则的间隔。

◇ **语法格式**

```
Graphic = contour(Data{,X,Y, axis_style = inter, /buffer,…}) 或
Graphic = contour(Equation{, axis_style = inter, /buffer,…}
```

其中,输入 Data 是一个矢量或二维数组。如果 Data 是一个向量,那么 X 和 Y 也应该是相同长度的矢量,包含对应点的 X 和 Y 坐标。其他关键字与 plot 函数的相同(见表 3.2 和 3.3)。

例如,下列代码将全球风速等值线可视化,其结果如图 3.8 所示。

```
; ==========================================================================================
pro Plotting_global_surface_wind_speed
  ;Restore wind data. Variables: u, v, x, y.
  file = file_which('globalwinds.dat')
restore, file, /verbose
  ; Calculate wind speed from the component vectors.
  s = sqrt(u^2 + v^2)
  ;The wind speeds are given in miles per hour. Convert them to meters per
  ;second with IDLUNIT.
  conversion = idlunit('1 mile/hour')/idlunit('meter/second')
  s *= conversion.quantity
  ;Set up a map projection. Display contours of wind speed and a colorbar.
  m = map('Robinson')
  ct = colortable(70, /reverse)
  c = contour(s,x,y,/fill,overplot = m,grid_units = 'degrees', $
    RGB_table = ct,title = '全球风速',position = [0.02,0.02,0.98,0.98])
  mc = mapcontinents()
  cb = colorbar(title = '!8V!X (m/s)')
end
; ==========================================================================================
```

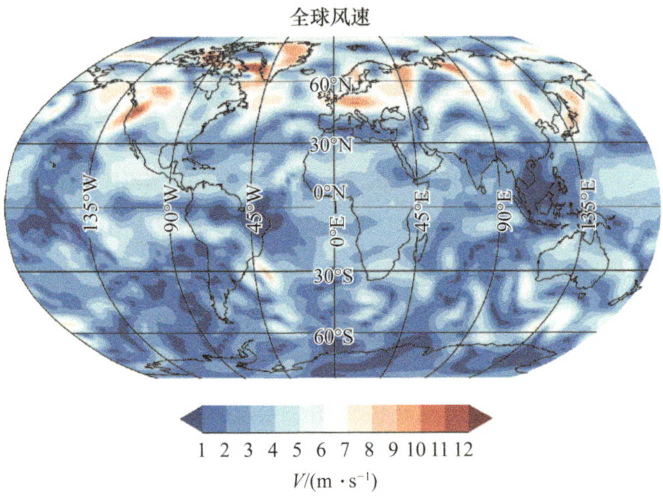

图 3.8　全球风速等值线

除了直接画数据之外，contour 函数也可以将一个一元或多元函数直接画成等值线。此时的 equation 是一个“字符串”，它可以是包含 X 和 Y 两个自变量的函数表达式，也可以是调用的 IDL 函数名。例如，下列代码画二元二次函数的等值线图：

```
; ======================================================================================
function ex_contourequation, x, y
  ;data = cos(x) * exp(y) * sin(x)
  data = (1.5 * x^2 + 12.0 * x * y + 2.5 * y^2 + 35.0)/100.0
  return,data
end
;--------------------------------------------------------------------------------------
pro Contour_of_a_function_with_two_invariables
p = contour('ex_contourequation',dimensions = [700,600], $
    n_levels = 50,/fill,RGB_table = 39,margin = [0.14,0.12,0.05,0.05])
p1 = contour('ex_contourequation',n_levels = 25,RGB_table = 39, $
  xtitle = '!8x!X',ytitle = '!8y!X',margin = [0.12,0.12,0.05,0.06],/overplot)
end
; ======================================================================================
```

在图 3.9 中，等值线的空间分布形状跟太空中磁场重联区磁力线分布形态十分相似，只是数值大小不一样。

3.6　画矢量场图

在分析一些矢量场的空间分布和走向时，需要用 vector 或 streamline 函数画带箭头的矢量图。使用两个数组指定水平和垂直分量（以任意单位）来输入矢量或风箭头，还可以为矢量或风箭头指定 X 和 Y 位置。

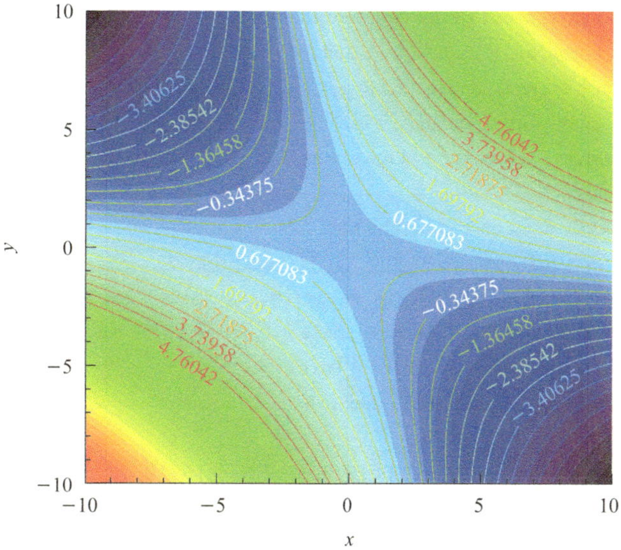

图 3.9　二元二次函数的等值线

◇ 语法格式

```
graphic = vector(U,V,{,X,Y,其他可选关键字})　或
graphic = streamline(U,V,{,X,Y,其他可选关键字})
```

表 3.7　vector 或 streamline 函数输入参数和关键字

输入参数或关键字	功　能
U,V	矢量数据水平和垂直分量的一维或二维数组，如果提供了 X 和 Y 参数，则将流线起始位置绘制为(X，Y)位置的函数，否则，流线的起始位置被绘制成 U 和 V 中每个元素的数组索引的函数
X，Y	指定矢量 U 和 V 的 X 和 Y 坐标的一维数组
rgb_table	引用 IDL 颜色表，如果没有定义颜色表，IDL 提供了预定义的颜色表，每个表都有一个索引值
arrow_color	将此属性设置为指定流线上箭头颜色的字符串或 RGB 向量，默认是流线的相同颜色
arrow_size	将此属性设置为浮点值，给出箭头的规范化大小。默认是 1.0
arrow_thick	将此属性设置为 1.0～10.0 的值，指定箭头的厚度，默认值是 1.0 分
arrow_transparency	将此属性设置为 0～100 的整数，指定箭头的透明度百分比，默认值为 0
其他关键字	与 plot 函数的关键字相同

例如，下列代码画带箭头的风速，画图结果如图 3.10 所示。

```
;=================================================================================
pro plotting_vector
  ; Read the data.
  restore,filepath('globalwinds.dat',subdir = ['examples','data'])
```

```
    ; Set up the map projection, grid, and continents.
    m  = map('Equirectangular',limit = [0, - 150,60, - 45], $
      label_position = 0,label_angle = 0, $
      color = 'light gray',label_color = 'black')
    cont = mapcontinents(fill_color = 'light gray')
    ;-----------------------------------------------------------------------------------------
    ; Display the vector data on top of the map.
    vec = vector(u,v,x,y,dimensions = [800,700],/overplot, $
      position = [0.1,0.1,0.96,0.98],min_value = 0,max_value = 25, $
      RGB_table = 39,auto_color = 1,length_scale = 2,arrow_thick = 1.0)
    l = Legend(sample_magnitude = 10,units = '(m/s)', $
      position = m.MapForward( - 45,61),/data, $
      vertical_alignment = 'bottom')
    c = colorbar(target = vec,position = [0.2,0.12,0.8,0.15], $
      title = '!8V!X (m/s)')
  end
  ; ==========================================================================================
```

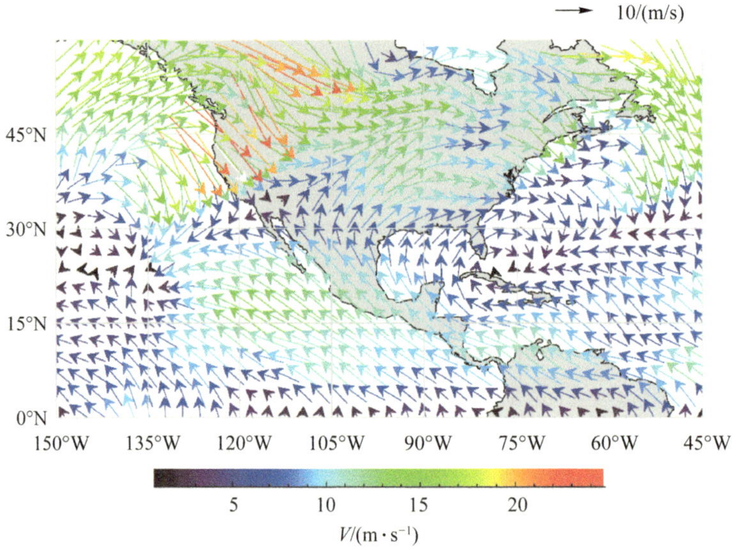

图 3.10　局部区域的风速大小和方向

3.7　图形标注和修改

当完成数据可视化以后，用户可以通过图形输出窗口底部的操作按钮进行重置坐标轴范围、标注文字、画不同颜色的线、箭头或其他图案等按钮进行修改，最后点击“保存按钮”即可将图形保存为 PNG、BMP、eps、ps、GIF、JPG、TIF 等常用的图片格式。此外，用户在画图过程中或画图后也可以通过 IDL 代码来重新设置画图参数和标注等。

3.7.1　添加标注

◇ 语法格式

note = **text**(Xlocation, Ylocation, string, target = vaiable, color = value, font_size = value, alignment = value, vertical_alignment = value, /data, /device, /normal)

表 3.8　text 函数输入参数和关键字

输入参数或关键字	功　能
Xlocation, Ylocation	设置标注位置(横坐标和纵坐标值)
string	标注的内容(字符串)
rgb_table=value	引用 IDL 颜色表,如果没有定义颜色表,IDL 提供了预定义的颜色表,每个表都有一个索引值
target	设置要标注的图形对象,若未设置则默认在当前图形对象中标注
color	设置标注的颜色
font_size	设置标注字符大小,默认为 16
X_a	给字母 X 添加下标
X^a	给字母 X 添加上标,上标和下标可以同时设置,例如,X_a^b
alignment 或 vertical_alignment	设置图例的水平对齐或垂直对齐方式,0 为左或底端对齐,0.5 为剧中对齐,1 为右对齐或顶端对齐
horizontal_spacing 或 vertical_spacing	设置图例中各标注的水平间隔或垂直间隔(0~1)
/data, /device 或 /normal	分别设置 x、y 坐标为数据坐标、设备坐标或归一化坐标。都没设置则默认为归一化坐标

例如,在相同坐标上画两种不同的物理量,并在数据线旁边分别标出数学式子。结果如图 3.11 所示。

```
; =====================================================================
pro Note_with_text_function
  x = findgen(101) * 0.01
  y = sqrt(x)
  z = x^2
  p1 = plot(x,y,color = 'r',xtitle = '!8x!X',ytitle = '!8y!X')
  p2 = plot(x,z,color = 'b',/overplot)
  t1 = text(0.2,0.55,'!8y!X = $\sqrt{!8x!X}$',target = p1,color = 'r',font_size = 18)
  t2 = text(0.7,0.45,'!8y = $x^2$ !X',target = p1,color = 'b',font_size = 18)
end
; =====================================================================
```

在 text 函数输出的字符数串两边使用一对界定符 $ 可以标注不同的数学符号。图 3.12 和图 3.13 显示了不同数据符号或特殊符号对应的字符串。字符串首字母采用大写和小写,其输出的符号是不一样的。例如,δ 输出δ,而 Δ 输出 Δ。

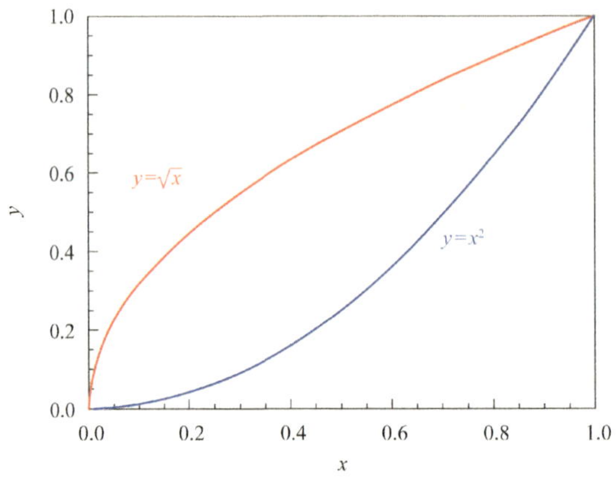

图 3.11　在图上标数学公式[17]

α	\alpha	φ	\phi	Ε	\Epsilon	Σ	\Sigma
β	\beta	π	\pi	Η	\Eta	Τ	\Tau
χ	\chi	ψ	\psi	Γ	\Gamma	Θ	\Theta
δ	\delta	ρ	\rho	Ι	\Iota	Υ	\Upsilon
ε	\epsilon	σ	\sigma	Κ	\Kappa	Ξ	\Xi
η	\eta	τ	\tau	Λ	\Lambda	Ζ	\ Zeta
γ	\gamma	θ	\theta	Μ	\Mu	ε	\varepsilon
ι	\iota	υ	\upsilon	Ν	\Nu	φ	\varphi
κ	\kappa	ξ	\xi	Ω	\Omega	ϖ	\varpi
λ	\lambda	ζ	\zeta	Ο	\Omicron	ς	\vars igma
μ	\mu	Α	\Al pha	Φ	\Phi	ϑ	\vartheta
ν	\nu	Β	\Beta	Π	\Pi		
ω	\omega	Χ	\Chi	Ψ	\Psi		
ο	\omicron	Δ	\Delta	Ρ	\Rho		

图 3.12　IDL 输出数学符号对应的字符串

ℵ	\aleph	∅	\emptyset	≠	\neq	→	\rightarrow
∠	\angle	≡	\equiv	∋	\ni	⇒	\Rightarrow
≅	\approxeq	∃	\exists	∉	\notin	~	\sim
≈	\approx	∀	\forall	⊄	\nsubset	∕	\slash
⊥	\bot	≥	\geq	⊕	\oplus	♠	\spadesuit
•	\bullet	♥	\heartsuit	⊗	\otimes	√	\sqrt
∩	\cap	ℑ	\Im	−	\overline	⊆	\subseteq
.	\cdot	∞	\infty	∂	\partial	⊂	\subset
®	\circledR	∫	\int	‰	\permil	∑	\sum
∘	\circ	∈	\in	⊥	\perp	⊇	\supseteq
♣	\clubsuit	⟨	\langle	±	\pm	⊃	\supset
©	\copyright	⌈	\lceil	′	\'	∴	\therefore
∪	\cup	⋯	\ldots	′	\prime	×	\times
†	\dagger	←	\leftarrow	″	\"	↑	\uparrow
‡	\ddagger	⇐	\Leftarrow	″	\primeprime	⇑	\Uparrow
∘	\deg	↔	\leftrightarrow	∏	\prod	∨	\vee
◆	\diamondsuit	⇔	\Left rightarrow	∝	\propto	∧	\wedge
◇	\diamond	≤	\leq	⟩	\rangle	℘	\wp
÷	\div	⌊	\lfloor	⌉	\rceil		
↓	\downarrow	∣	\mid	ℜ	\Re		
⇓	\Downarrow	∇	\nabla	⌋	\rfloor		

图 3.13　IDL 输出数学运算符号和特殊字符对应的字符串

3.7.2　添加图例

函数 legend 用于在图形窗口中添加图例信息，其输入参数和关键字由表 3.9 给出。

◇ **语法格式**

```
lable = legend(Target = [p1,p2…pn],position = [x0,y0],label = string,sample_width = value,/auto
_text_color,text_color = value,front_size = value,color = value,thick = value,horizontal_alignment =
value,vertical_alignment = value,horizontal_spacing = value,vertical_spacing = value,/data,/device,/
normal)
```

表 3.9　legend 函数输入参数和关键字

输入参数或关键字	功　能
target=[p1,p2,…,pn]	设定需要添加图例的图形[p1,p2,…,pn]，未设置则默认为添加当前图形对象的图例
position=[x0,y0]	设置图例左上角在画图窗口中的位置
sample_width	设置图例中曲线的线宽，默认为 0.15
/auto_text_color	设置图例中字体颜色为关联的曲线颜色
text_color	设置图例中字体的颜色
color，thick	设置图例边框的颜色和线宽
其他关键字	与 text 函数的关键字相同

例如：下列代码在图中添加两个图例，输出结果如图 3.14 所示。

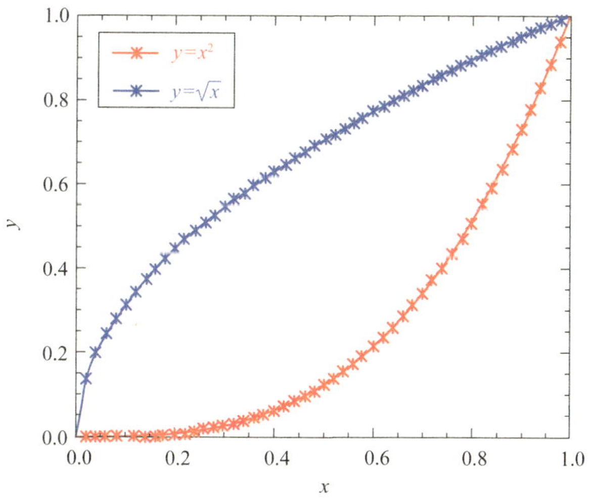

图 3.14　在图中标出图例[17]

```
;================================================================================
pro Note_with_legend_function
  x = findgen(51)/50
  p1 = plot(x,x^3,dimensions = [600,500],color = 'red',symbol = 2,name = '!8y = $ x^2 $ !X', $
```

```
    xtitle = '!8x!X',ytitle = '!8y!X',margin = [0.13,0.13,0.07,0.07])
  p2 = plot(x,sqrt(x),color = 'blue',symbol = 2, $
    name = '!8y!X = $ \sqrt{ !8x!X} $',/overplot)
  lable = legend(target = [p1,p2],position = [0.2,0.75],color = 'black', $
    /auto_text_color,horizontal_alignment = 0,vertical_alignment = 0, $
    horizontal_spacing = 0.05,vertical_spacing = 0.02)
end
; ==========================================================================================
```

3.7.3 保存和关闭图片

◇ 保存图片为指定格式的文件

p.save,fname,border = integer,height = integer,width = integer,resoultion = integer,/centimeters

表 3.10 p.save 过程输入参数和关键字

输入参数或关键字	功 能
fname=‘string.xxx’	设置保存图形的文件名和格式，文件后缀.xxx 可设置为 BMP、PNG、eps、ps、gif、JPG、JPEG、PDF 和 tif 等
border	设置图形周边的边框范围，不适用矢量格式图片输出
hight,width	设置输出文件的高度和宽度，输出图像文件时，它们的单位为像素；输出 pdf 文件时，它们的单位为英寸（如果设置了/centimeters 则为厘米）
resolution	设置输出文件的分辨率（单位为 DPI），默认为 600DPI
centimeters	仅对 pdf 文件有效，用于设置 hight 和 width 的单位为厘米而不是英寸

例如：

```
IDL> p1 = plot(x,sin(x),color = 'r',xtitle = 'X',ytitle = 'sin(X)')
IDL> p2 = plot(x,cos(x),color = 'b',xtitle = 'X',ytitle = 'cos(X)',/overplot)
IDL> p1.save,'D:\sin cos founctions.png',border = 20
```

◇ 关闭图形窗口

p.close：关闭图形窗口以及窗口中所有图形。
p.delete：删除图形
p.refresh：刷新图形窗口的内容。可用 p.refresh,/disable 关闭刷新功能。

◇ **注意事项**：p.save、p.close、p.delete 和 p.refresh 的 p 指向特定的画图对象，譬如 p.save，p1.save 等。

3.7.4 重新获取画图数据

使用 p.getdata 过程可以重新获取画图对象 p 图中的数据。

◇ 语法格式

```
p.getdata,arg1,arg2, ...argn,bottom_values = value,connectivity = value
```

其中，变量 arg1,arg2，. . . ，Argn 与画图函数所用的变量个数相同。表 3.11 给出了不同画图命令的参数。bottom _ values 只适用于 Barplot 图形，并允许检索底部值数据。Connectivity 只适用于多线和多边形图形，并允许检索连接性数据。例如：

```
IDL> precip = [0.5,0.7,1.2,1.8,2.5,1.6,1.9]
IDL> day = [7,8,9,10,11,12,13]
IDL> p1 = plot(day,precip,'r- :2',title ='Denver Precipitation', $
        Ytitle = 'Inches',Xtitle = 'June Date')
IDL> p1.getdata, date, rain
IDL> print,'Rain on June 10',rain[3]
Rain on June 10        1.80000
```

表 3.11　p. Getdata 过程针对不同的画图命令调用的变量

(P=)画图命令	1 个变量	2 个变量	3 个变量	4 个变量	关键字	坐　标
arrow		X, Y				默认为 normal，也可用/data 创建数据坐标
barplot	Y	X, Y			bottom_values	data
boxplot	values	locations, Values				data
bubbleplot		X, Y				data
contour	Z		Z, X, Y			data
errorplot		Y, Yerror	X, Y, Yerror	X, Y, Xerror, Yerror		data
image	image		image, X, Y			data
plot3D			X, Y, Z			data
plot	Y	X, Y				data
polarplot	theta	r, theta				data
polygon		X, Y	X, Y, Z		connectivity	默认为 normal，也可用/data 创建数据坐标
polyline		X, Y	X, Y, Z		connectivity	默认为 normal，也可用/data 创建数据坐标
scatterplot		X, Y				data
scatterplot3D			X, Y, Z			data
streamline		U, V		U, V, X, Y		data
surface	Z		Z, X, Y			data
symbol		X, Y				默认为 normal，也可用/data 创建数据坐标

续表 3.11

(P=) 画图命令	1个变量	2个变量	3个变量	4个变量	关键字	坐 标
vector		*U*, *V*		*U*, *V*, *X*, *Y*		data
volume	vol0	vol0, Vol1		vol0, vol1, vol2, vol3		data

3.7.5 替换图形数据

使用 p. setdata 过程可以将图形现有的数据替换为指定的数据。p. setdata 过程的输入参数和关键字跟 p. getdata 过程的相同。

◇ **语法格式**

```
p.setdata,Arg1,Arg2, ...Argn,connectivity = value
```

例如：

```
IDL > temp1 = randomu(seed,12) * 100
IDL > temp2 = randomu(seed,12) * 100
IDL > day = findgen(12) * 30 + 15
IDL > p = plot(day,temp1,'Db - 1',Title = 'Temperature',Xtitle = 'Day of Year',Ytitle = 'Degrees
Fahrenheit')
IDL > p.setdata,day,temp2
```

3.8 显示或绘制三维彩图

在 IDL 编译器中，图像都是以二维或三维的字节型数组存在计算机中的。相反地，一个二维或三维的字节型数组可以通过 image 函数、tv 或 tvscl 过程显示为图像。image 函数或 tv 过程直接在图形窗口中显示原来的图像数据而不作其他处理，因此对于非字节性探测数据（特别是最大值超过 255 的），首先用 bytscl 函数将数据转换成 0～255 B 的字节型数值，然后才能使用 tv 画图。tvscl 过程在显示图像前会自动将图像或探测数据缩放到 0～255 B 的字节范围内，然后直接画图。因此，使用 tvscl 画图无需将科学数据转换成字节型数据。

3.8.1 使用 image 函数绘图

IDL 8.3 以上的编译器增加了一个 image 函数用于显示图像或者将字节型探测数据可视化成三维彩图。image 函数绘图也是返回一个图形对象。

◇ **语法格式**

```
graphic = image(data,X,Y,dimensions = [with,height],position = array,RGB_table = value,margin =
array,name = string,title = string,/buffer,/current,/order,/overplot,/nondata,window_title = string)
```

这里，data 为二维或三维的字节型数组，*X* 和 *Y* 为画图坐标数据。RGB_table=integer

引用颜色表(索引号 integer 可取 0～74)。order 设置图像从上往下算,不设置该关键字默认为从下往上算。其他关键字和 plot 函数的设置相同。

(1) image 函数显示图片

首先用 read_image 将图片文件读入一个变量 image_data,然后用 size 查询图片的宽和高等尺寸信息,最后利用 image 函数重新画图。用户可以利用 p. save 过程将图片另存为其他格式的文件。

例如,执行下列代码后,选择打开文件夹 D:\Space data 中的 3D radiation belts 图片,并将图片由 jpg 格式另存为 pdf 文件,结果如图 3.15 所示。

```
; ==============================================================================
pro image_showing_photo_or_save_it_as_other_file_format
  ;select a photo and open it
  image_file = dialog_pickfile(filter = '* . *')
  ;read photo data and save them in image_data
  image_data = read_image(image_file)
  ;get information of image data
  image_size = size(image_data)
  print, image_size
  ;reshow photo with its original size
  p = image(image_data, dimension = [image_size[2], image_size[3]], $
    margin = 0, window_title = 'Show Photo')
  ;resave photo as other format file
  p. save, 'D:\new photo. pdf', resolutions = 700
  ;tvscl, image_data, true = 1
end
; ==============================================================================
```

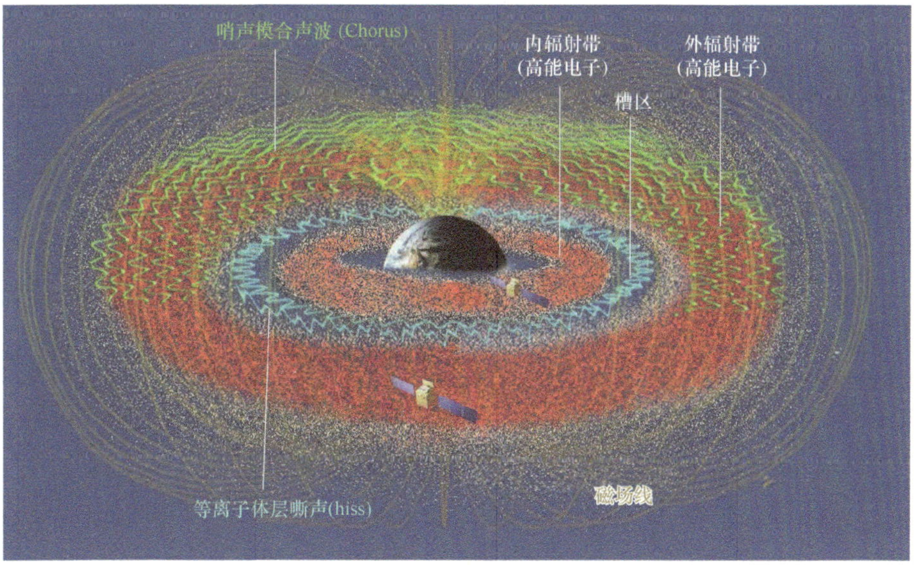

图 3.15　image 函数根据原图尺寸重新保存的地球辐射带示意图[7]

(2) image 函数画数据

除了直接显示图片之外，image 也可以直接将二维或三维数据画图。image 函数的输入参数 data 是一个二维的字节型数组。它并不能直接显示数值型数据。对于卫星探测的数值型数据，画图前需要先用 bytscl 函数将科学数据线性转化为 0B 到 top 的字节型值，然后再用 image 函数显示。

◇ bytscl **函数的调用格式**

```
output = bytscl(data[ * , * ],min = value,max = value ,Top = !D.table_size - 1)
```

这里，data[* , *]是随着 X 和 Y 轴坐标变化的二维非字节型数组。min＝value 用于设置画图数据的最小值，默认为最小数据。Max＝value 用于设置画图数据的最大值，默认为最大数据。Top＝!D. table_size－1 设置 data 数据的最大颜色索引值，默认为 255 B。经过 bytscl 转换后，每个探测数据 data(t)点对应一个字节型颜色值(0～255)。其颜色值为：

$$output = Top * \frac{Data - Data_{min}}{Data_{max} - Data_{min}} \tag{3.1}$$

例如，用 image 函数画 TC1 探测在 2005 年 8 月 24 日 6 点至 8 点测量的热离子通量数据，其结果如图 3.16 所示。

```
; ==========================================================================================
pro plotting_colorful_figures_with_image_function
  openr,lun,filepath('es.TXT',root_dir = 'D:\Space data'),/get_lun
  es = dblarr(11,20491)
  readf,lun,es
  free_lun,lun
  f1 = es[10, * ]
  energy = es[7,0:30]
  for i = 0,20489 do begin
    if (f1[i] le 0.0) then begin
      f1(i) = 1.0D2
    endif
  endfor
  ;-----------------------------------------------------------------------------------------
  ;Normalize the time in hour
  s7 = dblarr(661)
  t7 = dblarr(661)
  for i = 0L,20490L,31L do begin
    m = i/31
    s7(m) = es[3,i] * 3600.0 + es[4,i] * 60.0 + es[5,i]
    t7(m) = s7[m]/3600.0
  endfor
  help,t7
  ;time unit is hour
  ;-----------------------------------------------------------------------------------------
```

```
;The energy data of hot ions is linearly interpolated
dims = size(energy,/dimensions)
print,dims[0]
print,dims[1]
nx = 1
ny = 186
xloc = (findgen(nx) + 0.5) * (dims[0]/float(nx)) - 0.5
yloc = (findgen(ny) + 0.5) * (dims[1]/float(ny)) - 0.5
y = interpolate(energy,xloc,yloc,/grid)
energy = transpose(y[ * , * ])/1000.0
help,energy
;------------------------------------------------------------------------------------------
;The energy data of hot ions is linearly interpolated
z0 = reform(f1,31,661,/overwrite) ;change the arr dimensions
dims = size(z0,/dimensions)
print,dims[0]
nx = 186
ny = 661
;calculate interpllation location (X) in array
xloc = (findgen(nx) + 0.5) * (dims[0]/float(nx)) - 0.5
;calculate interpllation location (Y) in array
yloc = (findgen(ny) + 0.5) * (dims[1]/float(ny)) - 0.5
z = interpolate(z0,xloc,yloc,/grid)  ; modify the array dimensions
flux = transpose(z[ * , * ])
;print,z[0:185,0]
help,flux
flux_colors = dblarr(661,186)
flux_colors[ * , * ] = Bytscl(alog10(flux[ * , * ]),Top = !D.Table_Size - 2)
;------------------------------------------------------------------------------------------
trange = [min(t7[ * ]),max(t7[ * ])]
Erange = [min(energy[ * ]),max(energy[ * ])]
ratio1 = (max(t7[ * ]) - min(t7[ * ]))/ny
ratio2 = (max(energy[ * ]) - min(energy[ * ]))/nx
print,trange,Erange
;------------------------------------------------------------------------------------------
p = image(flux_colors[ * , * ],dimension = [800,500],position = [0.14,0.12,0.94,0.98], $
  axis_style = 4,RGB_table = 39,margin = [0.14,0.12,0.04,0.04],font_size = 11)
xaixs = axis('X',location = [0,0],axis_range = trange,tickdir = 1, $
  coord_transform = [min(t7[ * ]),ratio1],tickfont_size = 11, $
  tickname = ['06:00','06:15','07:00','07:15','07:30','08:00'])
t1 = text(0.5,0.24,'世界时',target = p,color = 'black',font_size = 11,font_style = 2)
 yaixs = axis('Y',location = 'left',axis_range = Erange,title = '!8E!X/keV', $
  coord_transform = [min(energy[ * ]),ratio2],tickdir = 1,tickfont_size = 11)
cb = colorbar(orientation = 0,position = [0.2,0.74,0.8,0.77],textpos = 1, $
  range = [min(alog10(flux[ * , * ])),max(alog10(flux[ * , * ]))], $
  RGB_table = 39,font_size = 11,title = 'log!D10!n[particle numbers/(cm!U - 2!n.s!U - 1!n)]')
```

```
;--------------------------------------------------------------------------------------
  ;save file format:.ps,.pdf,.png,.tif,.jpg
  p.save,'D:\Energy spectrum of hot ions.png',border = 10
end
;======================================================================================
```

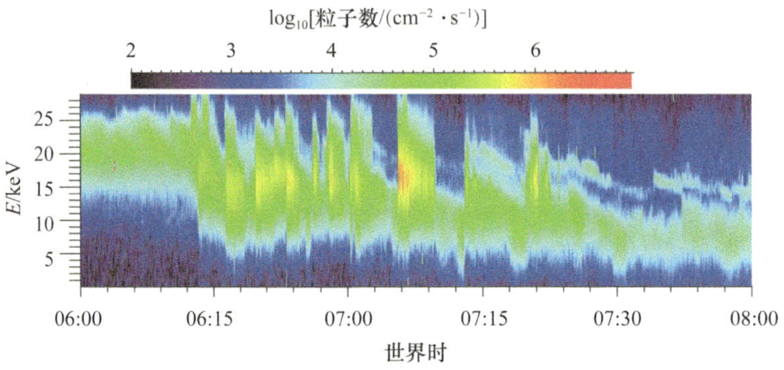

图 3.16 “双星计划”TC1 卫星在 2005 年 8 月 24 日测量的热离子能谱图

◇ **使用** image **绘图注意事项**

(1) 使用 axis 函数为 image 绘制的彩图添加数据坐标轴

image 函数绘图是将字节型的二维数组按列(X 轴)和行(Y 轴)的数据顺序($0\sim N_X$,$0\sim N_Y$)画图的,其 X 轴刻度标注为 $0\sim N_X$ 的整数,Y 轴刻度标注为 $0\sim N_Y$的整数,这些数值并不是实际探测数据的物理坐标数值。如果要将画图坐标轴刻度数值显示为实际的数据坐标,需要用 axis 函数重新创建数据坐标,并通过设置 coord_transform 关键字数组值将画图坐标转化为数据坐标。如果探测数据的 X 坐标数据为 $X[*]$,Y 坐标的数据为 $Y[*]$,那么从画图坐标到数据坐标的转化比值为:

$$R_X=(\max(X[*])-\min(X[*]))/N_X \tag{3.2}$$

$$R_Y=(\max(Y[*])-\min(Y[*]))/N_Y \tag{3.3}$$

那么,X 轴的坐标转化关键字 coord_transform=[min(X[*]),R_X],Y 轴的坐标转化关键字 coord_transform=[min(Y[*]),R_Y]。

◇ axis **函数的调用格式**

```
graphic_object = axis(direction{,可选关键字})
```

表 3.12 axis 函数主要关键字

输入参数或关键字	功 能
direction	direction=0 或用字符串'X',创建一个 X 轴;1 或'Y',创建一个 Y 轴;2 或'Z'创建一个 Z 轴
location	X 轴可设为'bottom','center','top'或者=[0,0](即在 Y 和 Z 的位置);Y 轴可设为'left','right'或者=[0,0](即 X 和 Z 的位置)
axis_range	画图数据范围
coord_transform	从画图坐标转化到数据坐标

续表 3.12

输入参数或关键字	功　能
tickdir	=0 刻度线朝里(默认值);=1 刻度线朝外
ticklen	=0～1,设置主刻度线长度
title	设置坐标轴名称
tickname	字符串数组,设置坐标主刻度数值。譬如,把时间浮点数改成世界时标格式时间

(2) 使用 colorbar 函数为 image 绘制的彩图添加色标值

image 函数绘制的彩图中不同颜色代表所画数据的大小不一样,但是它并不显示所画数值。因此需要使用 colorbar 函数将数据大小和图的颜色匹配显示,以便直观理解真实数值的时空变化关系。

◇ colorbar **函数的调用格式**

```
graphic = colorbar(target = p,orientation = 0|1,position = [x0,y0,x1,y1],textpos = 1, RGB_table
= N, $
range = [mix,max],font_size = 11,title = string,{,其他关键字})
```

表 3.13　colorbar 函数主要关键字

输入参数或关键字	功　能
target=p	此关键字将颜色条关联到图像(p=image())所画的数值和颜色表。如果没有指定 target,则需要使用 RGB_table=N 将 colarbar 函数颜色表设置成 image 函数使用的颜色表(即颜色表索引号 N 相同),同时将所画数据的最小和最大值设置为 range 的上下限值
RGB_table=N	将 colarbar 函数颜色表设置成 image 函数使用的颜色表(即颜色表索引号 N 相同)
range=[min,max]	将所色标颜色匹配到所画数据范围内,数据的最小值为 min,最大值为 max。
position=[x0,y0,x1,y1]	设置 colorbar 的位置
orientation=0|1	0 为水平显示色标,1 为垂直显示色标
textpos=0|1	1 将刻度标签和轴标题置于轴之上。默认值是 0,在轴下方
tickdir	属性可用于控制轴标记的方向,1 以绘制朝外的标记。默认值是 0,朝内
ticklen	0～1,设置主刻度线长度
title	设置坐标轴名称
font_size	设置 coloar 刻度值和名称的字体大小
font_style=0～3	0:常规字体;1:粗体或黑体;2:斜体;3:粗斜体
title=string	string 为色标的物理量名称和单位

3.8.2　使用 tvscl 过程绘图

与 image 函数一样,tvscl 过程也可以直接显示图片数据(二维或三维字节型数组)。不过,tvscl 过程同时具有 bytscl 函数的字节转换功能和 image 函数的画图功能。它可以自动将图像或科学数据缩放到 0～255 B 的字节范围内,并将数据输出到指定位置画图。在画图之前,数据被自动缩放,最小数据值变为 0,最大值变为可用颜色的最大数量(!D.table_size－1),

其转换结果和 bytscl 函数的计算结果一样。

◇ **语法格式**

tvscl,data,X_0,Y_0,Xsize = value,Ysize = values{,/centimeters,/inches},/order,top = value,true = 1|2|3,/nan,/data,/device, /normal,/T3D,Z = value}

表 3.14 tvscl 过程输入参数和关键字

输入参数或关键字	功 能
data	要显示的字节型的数组(图像)、或者是一个二维的或三维的非字节型的科学数据
X0, Y0	为 0 - 1 的归一化值,用来设置图像左下角的起始坐标位置
Xsize=value, Ysize=value1	Value 和 value1 为 0 - 1 的归一化值,用来设置图像的宽(*X*size)和高(*Y*size)
/centimeters	用于设置图片尺寸(*X*size 和 *Y*size)单位为厘米。{}为多选一
/inches	设置图片尺寸(*X*size 和 *Y*size)单位为英寸。{}为多选一
/order	设置图像从上往下算。不设置该关键字默认为从下往上算
top=value	用来设置缩放结果的最大值,如果没有指定顶部,使用!TABLE_SIZE - 1 对应的值,缩放结果的最小值总是 0
Nan	使 tvscl 处理数据中非数字的图像元素(无穷大或 NaN)作为丢失的数据,并使用颜色索引 0 (0)显示它们。请注意,颜色索引 0 也用于显示在图像数组中具有最小值的元素
true=1|2|3	设置该关键字为非零,表明一个真彩色图像(16、24、或 32 位)显示。设置的不同的数值,表示不同的彩色存储模式。1 为(3,m,n)是像素交叉存储;2 为(m,3,n)是行交叉存储;3 为(m, n, 3)是波段交叉存储

例如,下列代码将 TC1 卫星在 2005 年 8 月 24 日探测到的热离子密度和能谱(31 个能道)画图,结果如图 3.17 所示。

```
;==========================================================================================
pro Plotting_the_energy_spectrum_of_hot_ions
  openr,lun,filepath('hiadensity.TXT',root_dir='D:\data'),/get_lun
  dens = dblarr(7,1321)
  readf,lun,dens
  free_lun,lun
  ;------------------------------------------------------------------------------------------
  ;Normalize the time in hour
  s4 = dblarr(1321)
  for i = 0,1320 do begin
    s4(i) = dens[3,i] * 3600.0 + dens[4,i] * 60.0 + dens[5,i]
  endfor
  t4 = s4/3600.0
  ;------------------------------------------------------------------------------------------
  openr,lun,filepath('es.TXT',root_dir='D:\data'),/get_lun
  es = dblarr(11,20491)
  readf,lun,es
```

```
free_lun,lun
f1 = es[10, * ]
energy = es[7,0:30]
for i = 0,20489 do begin
  if (f1[i] le 0.0) then begin
    f1(i) = 1.0D2
  endif
endfor
;------------------------------------------------------------------------------------
;Normalize the time in hour
s7 = dblarr(661)
t7 = dblarr(661)
for i = 0L,20490L,31L do begin
  m = i/31
  s7(m) = es[3,i] * 3600.0 + es[4,i] * 60.0 + es[5,i]
  t7(m) = s7[m]/3600.0
endfor
;time unit is hour
;------------------------------------------------------------------------------------
;The energy data of hot ions is linearly interpolated
dims = size(energy,/dimensions)
print,dims[0]
print,dims[1]
nx = 1
ny = 186
xloc = (findgen(nx) + 0.5) * (dims[0]/float(nx)) - 0.5
yloc = (findgen(ny) + 0.5) * (dims[1]/float(ny)) - 0.5
y = interpolate(energy,xloc,yloc,/grid)
energy = transpose(y[ * , * ])
;------------------------------------------------------------------------------------
;The flux data of hot ions is linearly interpolated;
; ion fluxes are a function of its energy and time
z0 = reform(f1,31,661,/overwrite) ;change the arr dimensions
dims = size(z0,/dimensions)
print,dims[0]
nx = 186
ny = 661
;calculate interpllation location (X) in array
xloc = (findgen(nx) + 0.5) * (dims[0]/float(nx)) - 0.5
;calculate interpllation location (Y) in array
yloc = (findgen(ny) + 0.5) * (dims[1]/float(ny)) - 0.5
z = interpolate(z0,xloc,yloc,/grid)   ; modify the array dimensions
print,z[0:185,0]
;------------------------------------------------------------------------------------
;set the ps output file of plotting
```

```
entry_device = !d.name
set_plot,'ps'
device,/color,bits_per_pixel = 8
!p.multi = [4,1,3,0,0] ;8 is used to set the total of plot (total lines in a picture)
;-----------------------------------------------------------------------------------------------
;set the output file name and save path
output_dir = 'D:\'
device,filename = output_dir + 'Energy_spectrum.ps',xsize = 6.0,ysize = 3.0, $
  xoffset = 1,yoffset = 2,/inches,/encapsulated
;-----------------------------------------------------------------------------------------------
;use the 39th color_table to plot data
loadct,39
plot,t4[ * ],dens[6, * ],position = [0.12,0.15,0.9,0.95],xstyle = 4,ystyle = 4, $
  xthick = 1.0,ythick = 1.0,background = 255,color = 0,/nodata,/normal
box_x_coords = [0.249,0.249,0.278,0.278,0.249]
box_y_coords = [0.2,0.95,0.95,0.2,0.2]
polyfill,box_x_coords,box_y_coords,color = 200,/normal
plot,t4[ * ],dens[6, * ],position = [0.12,0.6,0.9,0.95],background = 255, $
  color = 0,xstyle = 1,xticks = 6,xminor = 5,xrange = [min(t4[ * ]),max(t4[ * ])], $
  ystyle = 1,yrange = [0.1,50],yminor = 9,ylog = 1,xthick = 1.0,ythick = 1.0, $
  xticklen = 0.06,yticklen = 0.02,thick = 1.0,charsize = 1.4, $
  xtickformat = '(a1)',ytitle = '!8N!X!Di!n (cm!U - 3!n)',/normal
oplot,t4[ * ],replicate(1.0,1302),thick = 1.0,linestyle = 1,color = 0
xyouts,0.16,0.9,'!3(a)!X',color = 0,charsize = 1.0,/normal,font = 0
plot,t7[ * ],energy[ * ],position = [0.12,0.2,0.9,0.6],background = 255, $
  color = 0,/nodata,yrange = [4.0,50000.0],ylog = 1,ystyle = 1,yminor = 9, $
  charsize = 1.4,xticks = 6,xminor = 5,xrange = [min(t7[ * ]),max(t7[ * ])], $
  xstyle = 1,xticklen = - 0.04,yticklen = - 0.018, $  ;(x)yticklen = 0.02
  xtickformat = '(a1)',/normal,ytitle = '!8E!X/keV'
x0 = 0.12 & y0 = 0.2 & x1 = 0.9 & y1 = 0.6
tvscl,transpose(alog10(z[ * , * ])),x0,y0,xsize = x1 - x0,ysize = y1 - y0,/normal
;  zcolors = dblarr(186,661)
;  zcolors[ * , * ] = Bytscl(alog10(z[ * , * ]),Top = !D.Table_Size - 2)
;  tv,transpose(zcolors[ * , * ]),x0,y0,xsize = x1 - x0,ysize = y1 - y0,/normal
colorbar_new,position = [0.92,0.25,0.93,0.55],ticklen = - 0.4, $
  color = 0,NCOLORS = 254,range = [min(alog10(z[ * , * ])),max(alog10(z[ * , * ]))], $
  /vertical,/right,format = '(f3.1)',title = ' log!D10!n [particle numbers/(cm!U - 2!n.s!U - 1!
n)]',charsize = 1.4
xyouts,0.16,0.5,'!3(b)!X',color = 0,charsize = 1.0,/normal,font = 0
xyouts,0.79,0.4,'!3O!U + !n!X',color = 240,charsize = 0.7, $
  orientation = 0,/normal,font = 0
xyouts,0.78,0.3,'!3He!U + !n/H!U + !n!X',color = 240,charsize = 0.7, $
  orientation = 0,/normal,font = 0
a = ['06:00','06:15','06:30','06:45','07:00','07:15','07:30']
b = ['- 4.5','- 4.3','- 4.1','- 3.9','- 3.6','- 3.4','- 3.1']
c = ['- 7.4','- 7.3','- 7.1','- 7.0','- 6.8','- 6.7','- 6.5']
```

```
    d=['5.7','5.7','5.6','5.5','5.5','5.4','5.3']
    e=['75.6','75.7','75.7','75.7','75.7','75.6','75.5']
    xyouts,0.08,0.16,'UT',color=0,alignment=1.0,charsize=0.7,/normal
    xyouts,0.08,0.13,'!8X!X/R!DE!n',color=0,charsize=0.7, $
      alignment=1.0,/normal
    xyouts,0.08,0.1,'!8Y!X/R!DE!n',color=0,charsize=0.7, $
      alignment=1.0,/normal
    xyouts,0.08,0.07,'!8Z!X/R!DE!n',color=0,charsize=0.7, $
      alignment=1.0,/normal
    xyouts,0.08,0.04,'!8ILAT!X/!Uo!n',color=0,charsize=0.7, $
      alignment=1.0,/normal
    ypos=replicate(0.16,7)
    ;xpos=0.135+(!x.window[1]-!x.window[0])*findgen(8)/7+0.045
    xpos=[0.115,0.25,0.38,0.51,0.64,0.77,0.9]
    for j=0,6 do begin
      xyouts,xpos[j],ypos[j],string(a[j]),alignment=0.5, $
        color=0,charsize=0.6,/normal
      xyouts,xpos[j],ypos[j]-0.03,string(b[j],format='(f5.1)'), $
        alignment=0.5,color=0,charsize=0.7,/normal
      xyouts,xpos[j],ypos[j]-0.06,string(c[j],format='(f5.1)'), $
        alignment=0.5,color=0,charsize=0.7,/normal
      xyouts,xpos[j],ypos[j]-0.09,string(d[j],format='(f5.1)'), $
        alignment=0.5,color=0,charsize=0.7,/normal
      xyouts,xpos[j],ypos[j]-0.12,string(e[j],format='(f6.1)'), $
        alignment=0.5,color=0,charsize=0.7,/normal
    endfor
    ;----------------------------------------------------------------------------------
    ;close ps file
    device,/close_file
    Set_plot,entry_device
end
;=================================================================================
```

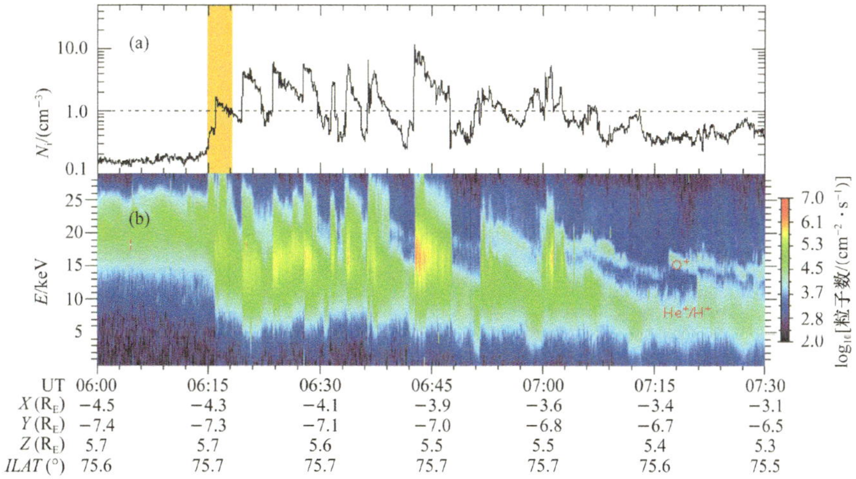

图 3.17　TC1 卫星在 2005 年 8 月 24 日探测到的离子密度和能谱

3.8.3 使用 tv 过程绘图

tv 过程的功能和 image 函数一样。它可以将字节型数据可视化，但不能直接输入非字节型数据，在画非字节型的科学数据之前，必须要先用 bytscl 函数转化为 0B 到 top 的字节型值，然后再用 tv 显示。除了输入的数据类型不一样，tv 的其他关键字用法与 tvscl 相同。

◇ **语法格式**

```
tv,data,X0,Y0,Xsize = value,Ysize = values{,/centimeters,/inches},/order,top = value,true = 1|2|
3,/data,/device,/normal,/T3D, Z = value}
```

◇ **使用 tv 过程注意事项**

如果直接用 tv 显示读入的图片，其画图窗口是默认尺寸(640 * 400 像素)，这与大多数图像的实际尺寸并不一样，以致超出窗口的那部分图像被直接截断，而不足部分则以黑色背景显示。为了完整显示整个图像，首先用 size(image_data)查询图片的尺寸(*X*size 和 *Y*size)，然后用 *X*size 和 *Y*size 设置 window 窗口尺寸，最后再用 tv 显示图片。

```
IDL> image_file = dialog_pickfile(filter = '* . *')
IDL> image_data = read_image(image_file)
IDL> print,image_size
           3           3        1104         658           1     2179296
IDL> window,1,Xsize = image_size[2],Ysize = image_size[3]
IDL> tv,image_data,true = 1
```

3.9 数字图像处理

IDL 支持的图像文件类型包括:BMP(位图)、DICOM(医学数字图像)、GeoTIFF(包含地理数据的 TIFF 文件)、JPEG、MPEG、PNG 等。用户可以用 IDL 代码读取和保存不同格式的图片文件，以及对图片文件进行裁剪、翻转和滤波等后续处理。

3.9.1 读取和保存图片

(1) 通用的图片读取函数:read_image(file)

例如:

```
IDL> file  = Dialog_Pickfile(filter = '* , *',/must_exist)
IDL> image = read_image(file)
IDL> tv,image,true = 1
IDL> tvscl,image,true = 1
```

注意:对于尺寸大于 640 * 400 像素的图片，直接用 tv 或 tvscl 显示不全。需要先查询图片尺寸，再用 window 设置与原图片尺寸大小一样的窗口，这样才能显示整幅图。

(2) 用 dialog_read_image 函数读取特定后缀格式的图片文件

```
image_data = dialog_read_image(filename,filter_type = string,image = variable, title = string ),
```

例如：

```
yn = dialog_read_image(filter_type = '* .jpg', image = idata)
```

(3) 通用图片保存过程：write_image,filename, format, data
也可以用 dialog_write_image 对话框存储图像文件，使用格式为：

```
figure =  dialog_write_image(image, file = string, title = string , type = variable)
```

例如：

```
IDL > file  = dialog_pickfile(filter = 'jpeg', /must_exist)
IDL > image = read_image(file)
IDL > tv,image,true = 1
IDL > result  = dialog_write_image(image, Type = ".png")
```

3.9.2　图像处理和滤波

数字化图像本质上是二维或三维数组。因此，可用 IDL 的数组操作函数对图像进行色彩变换、裁剪、翻转、卷积运算、重采样和滤波等处理[17]。表 3.15 给出了常用图像处理函数或过程。

表 3.15　常用的图像处理函数或过程

函数或过程	功　能
color_convert	用于 RGB 色彩空间与其他色彩(HLS,HSV 等)的转换
image_array[* ,0:n,0:m]	对图像剪切就是取其数组的子集操作
rebin(array,d1,…d8,/sample)	对原图像进行整数比率采样
congrid(array,d1,d2,d3,/sample)	对图像进行任意比率采样
transpose(array,P)	图像转置
rotate(array,direction)	对图像进行 90 度的整数倍旋转
rot(array,angle)	对图像进行任意角度旋转
reverse(array,[,index])	对图像进行水平或垂直翻转
convol(array,kernel)	对图像进行卷积运算，kernel 是卷积核
bytscl(array, min = value, max = value, top=value)	对图像进行直方图拉伸，即线性增强
smooth(array,width,/edge_truncate)	对图像进行均值平滑滤波，用于图像的模糊和去噪处理
median(array,width)	对图像进行中值平滑滤波，用于图像的模糊和去噪处理

例如：执行下列代码，通过弹窗选择并打开文件夹 D:\Space data 中的 lotus 图片文件，并对用户所选择的图片进行滤波和画图。对比原图(Window 1)和滤波后的图 (Window 2)，可以看出滤波造成的图片质量变化。

```
; ===========================================================================
pro Photo_filtering
  file = dialog_pickfile(title = '请选择图像文件')
  photo = read_image(file)
  photo_size = size(photo)
  help,photo_size
  width = photo_size[2]
  print,width
  hight = photo_size[3]
  filtering = smooth(photo,3) ;Filtering wiht averaged value of 2 * 2
  ; filtering1 = median(photo,2) ;Filtering wiht averaged value of 3 * 3
  window,1,xsize = width,ysize = hight,title = 'Original Photo'
  tvscl,photo,true = 1
  window,2,xsize = width,ysize = hight,title = 'Photo filtered'
  tvscl,filtering,true = 1
end
; ===========================================================================
```

习　题

1. 利用 IDL 程序将实验数据库中 OMNI_HRO_5MIN_239519. TXT 文件中的行星际磁场三分量(B_X、B_Y和 B_Z)、太阳风流速(Flow Speed)、质子密度(Proton density)、流压(Flow pressure)和地磁指数(AE 和 SYM－H)可视化，并用阴影标出磁暴活动事件(SYM－H≤－30nT)。这里 SYM－H 代替 Dst 指数。

要求：(1)给出数据可视化程序；

(2)所有数据画在同一张图上，并给出屏蔽错误数据后的. ps 图片。

2. 读取实验数据库 l9_k0s_spa_20070103100029_20070103195930. cdf 文件中的时间和高能质子通量 spa_p_flx 数据，画两个能道的高能质子通量随时间的变化曲线的 ps 图。

3. 请把下面的数据画误差棒图

x＝findgen(50)

y＝X^2＋x＋15.0

errors＝y/20.0

4. 画出下列二元方程的等值线图，看看得到什么形状。

z＝7.5＊x^2＋2.0＊x＊y＋7.5＊y^2＋7.0＊x＊y＋35.0

提示：RGB_table＝39，n_levels＝150 或更大。

第 4 章　空间坐标系使用和变换方法

4.1　探测数据对坐标系的依赖性

前三章主要介绍了空间探测数据的类型、分级处理流程、数据文件的读写操作、批处理和可视化等基本的数据处理技术。但是，要准确地挖掘出空间探测数据所隐藏的物理现象和规律，还需要把空间探测数据转化到合理的空间坐标系中。磁化星球上空的坐标系通常是根据星球磁场的分布形状来确定的。

磁化星球的磁场在不同高度上的强度、磁力线位形和方向是不一样的。例如，太阳磁场、木星磁层、土星磁层和地球磁层的磁场都是随高度变化的。图 4.1 给出了太阳系中磁化行星的磁层形状示意图[3]。与这些磁化行星的磁层不同，金星在电离层高度上只有较弱的感应磁场，而火星只有南北不对称分布的剩余磁场。

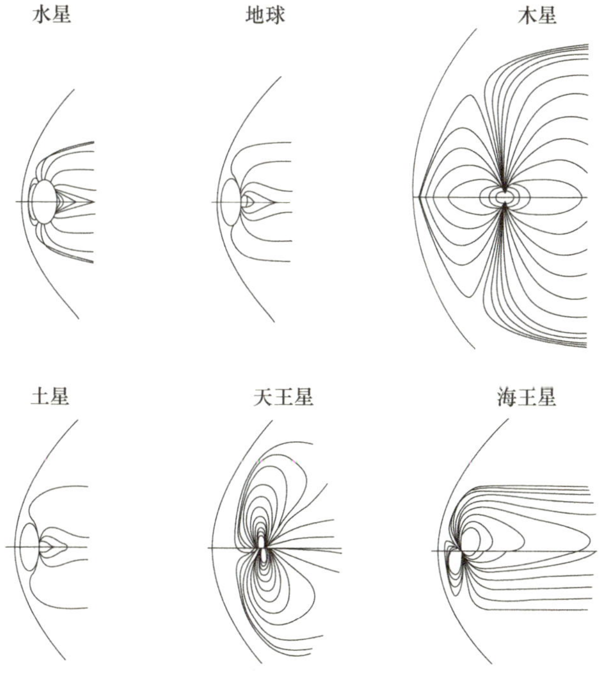

图 4.1　太阳系中磁化行星的磁层形状示意图[3]

在磁化星球上空，除了中性成分不受磁场的影响之外，其他的带电粒子运动、电磁波的传播和等离子体流速都会受到空间电磁场分布的影响。相同的空间探测矢量场数据(譬如电流或等离子体流速等)在不同的坐标系中通常是不一样的。即使对于一些标量场测量数据(譬如带电粒子的计数率或通量)，只有把数据放在合理的坐标系中才能够显示出其空间分布规律[19]。一个典型例子就是地球辐射带或环电流区域高能粒子(电子和离子)的空间分布在不同坐标系中是不相同的。地球辐射带由主要由地磁场捕获的高能电子和质子组成。在磁层宇静时期或变化非常缓慢的情况下，捕获的高能粒子同时进行着三个绝热运动：围绕磁力线的回旋运动、沿着磁力线在地球磁南北极之间的弹跳运动、围绕等磁场强度(B)的方位漂移运动。由于地球不同经度或不同磁地方时上的磁场强度不一样，所以相同高度但不同经度上的带电粒子的计数率或通量大小是不一样的。

在卫星探测早期，人们在构建捕获带电粒子强度分布图时遇到了很大的困难，其主要原因是地球辐射带捕获带电粒子计数率的空间梯度太大。例如，在内辐射带的低高度处，当地心距变化 3%时，粒子强度的变化超过 10 倍[19]。图 4.2 给出美国 Explorer 1 卫星携带的盖革计数器观测到的磁静日粒子计数率(/s)随高度(km)的变化。在不同经度位置(分别用 O、E 、A 表示)，粒子数开始急剧增长的高度大不相同(带不同数据点符号的曲线所示)。

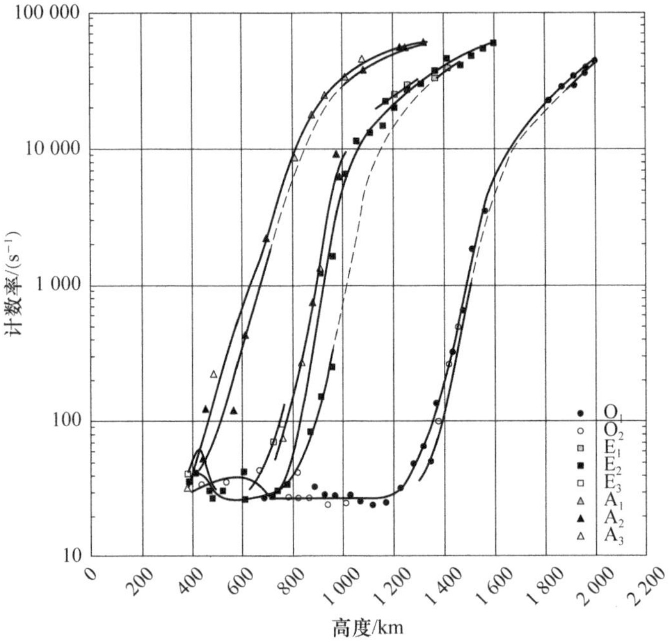

图 4.2 Explorer 1 卫星在不同经度上观测到的粒子计数随高度的变化[20]

如果把横坐标换成地磁场强度，所有数据点几乎落在同一条曲线上。图 4.3 显示了卫星在不同经度上测量的高能粒子计数率随着地磁场强度(B)的分布。由于高能带电粒子在磁场梯度和曲率的作用下沿着等磁场值围绕着地球漂移(俗称“漂移壳”)，所以不同经度上但相同磁场值处测量的带电粒子数是一样的。磁场对粒子数的控制作用在这个坐标系中清楚地显示出来。这个例子说明只有把观测数据(特别是矢量场数据)放在正确的坐标系中才能很好地体现出数据的分布规律和所隐含的物理量意义。

4.2 $B-L$ 坐标系

空间探测数据所用的坐标量不仅有时间、长度、角度等常用的时空变量，而且还可以使用磁场强度和积分不变量等物理量作为坐标变量。其中，$B-L$ 坐标系是为了展示地球辐射带高能粒子分布规律而提出的一种坐标系[19]。$B-L$ 坐标系是使用磁场强度 B 和磁力线与磁赤

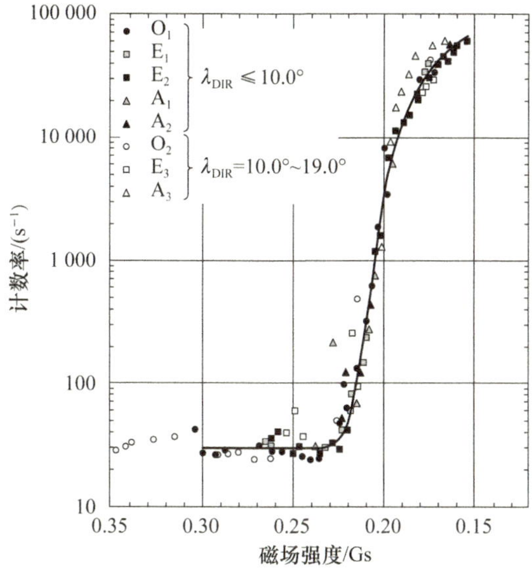

图 4.3 Explorer 1 卫星在不同经度上观测到的粒子计数随磁场强度的变化[20]

道面交点的地心距 L(单位:R_E)来定义的磁力线空间坐标系。在这种坐标系中,L 相同的磁力线形成一个围绕地球的磁壳,所以 L 又称作"磁壳参数",它反映带电粒子在实际地磁场中漂移壳在赤道面上交点离地心的平均距离。L 和 B 的关系图 4.4 所示,它们并不是正交的。在偶极场区域(约 3~6R_E),L 和 B 可写为:

$$L = \frac{R}{\cos^2\lambda} \tag{4.1}$$

$$B(\lambda) = \frac{B_0}{R^3}\left(4 - \frac{3R}{L}\right)^{1/2} \tag{4.2}$$

这里,λ、R 和 $B(\lambda)$分别是 P 点的地磁纬度、地心距离和磁场强度。R 单位是 R_E。如果知道磁力线跟磁赤道面($\lambda=0$)交点的地心距离 r_0,则 $L = r_0/R_E$。于是可获得磁力线和地球表面($R=1$)交点的地磁纬度(通常称为不变纬度 Λ)和 L 的关系为:

$$\cos^2\Lambda = \frac{1}{L} \tag{4.3}$$

$B-L$ 坐标系适合用来分析高能粒子全向通量的空间分布情况。图 4.5 和 4.6 分别给出了地球辐射带质子通量随高度和地理纬度的分布,以及在 $B-L$ 坐标系中的分布。在地理坐标系中,质子的通量呈现复杂的三维等值线分布。但是,它们在 $B-L$ 坐标系中呈现二维曲线分布,能够直观地给出在不同高度(L)和不同磁场强度对应的高能质子的通量大小。

以上仅仅给出了标量数据对坐标依赖性的例子。跟标量数据相比,空间探测的矢量场数据(电场、磁场、波矢量、等离子体的速度等)对空间坐标系的依赖性更强。只有把测量数据放在合理的坐标系中,数据才能客观地反映出所测物理量的方向和大小。因此,想要准确地测量和分析空间矢量场的变化规律,需要在卫星整体设计阶段就得规划好,包括卫星总体架构、不同探测器探头的安装位置和方向、探头坐标系和卫星坐标系的关系等。

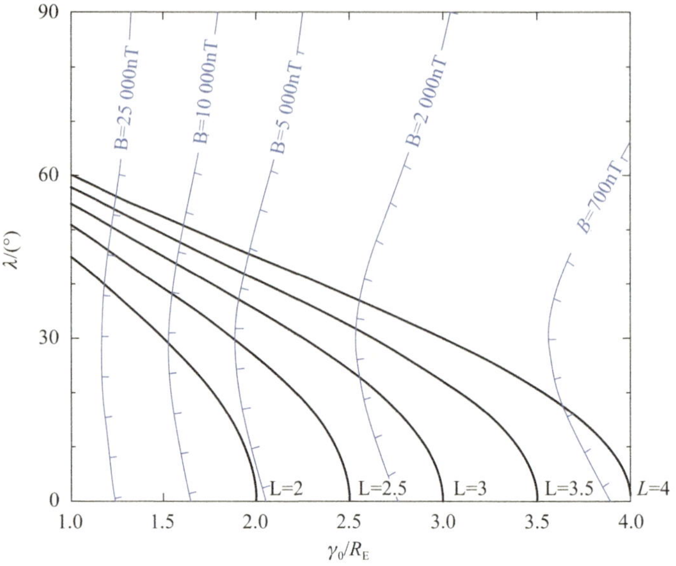

图 4.4　地磁场强度(*B*)和磁壳参数 *L* 随地心距离 r_0 和地磁纬度 λ 的变化[3]

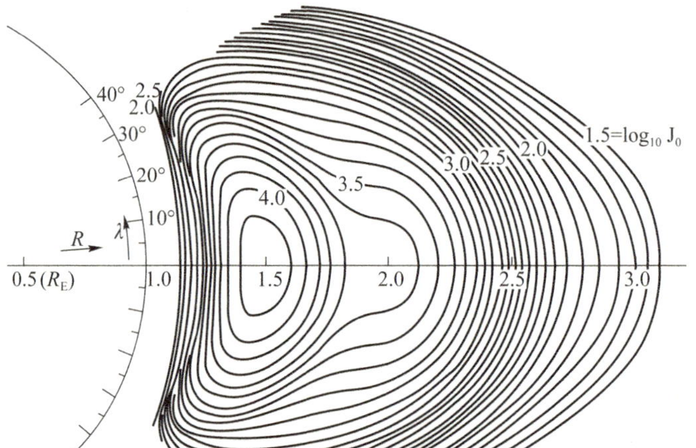

图 4.5　Explorer 26 在 1965 年 1 月 1 日测量的 40 - 110 MeV 质子通量 J_0 随着高度和地理坐标系纬度的分布[21]

4.3　卫星和探头坐标系

4.3.1　卫星坐标系

卫星是用来安装各种仪器的平台，卫星(构形)坐标系规定了各种观测仪器安装的空间位置。卫星坐标系就是用来描述卫星本体的特征，例如，卫星姿态、科学仪器探头的安装方向和位置、GPS 接收机天线的位置等。卫星坐标系三轴的定义依照卫星的主惯性轴决定。一般由

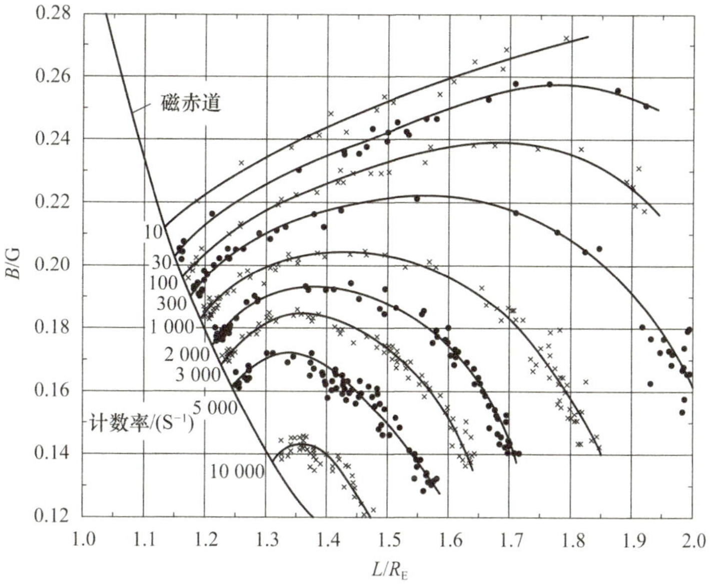

图 4.6　Explorer 6 测量的高能质子计数率在 $B-L$ 坐标系中的分布[21]

工程师设计好，而且不同卫星的坐标系可以不同。

图 4.7 展示了太阳同步轨道上三轴稳定的 DEMETER 卫星坐标系[12]。该卫星坐标系原点为星箭对接面的几何中心；X_S轴过坐标原点并指向地心方向；Z_S轴过坐标原点并指向卫星飞行方向或相反；Y_S轴与 X_S轴和 Z_S轴成右手正交坐标系，即 $Y_S=Z_S\times X_S$。

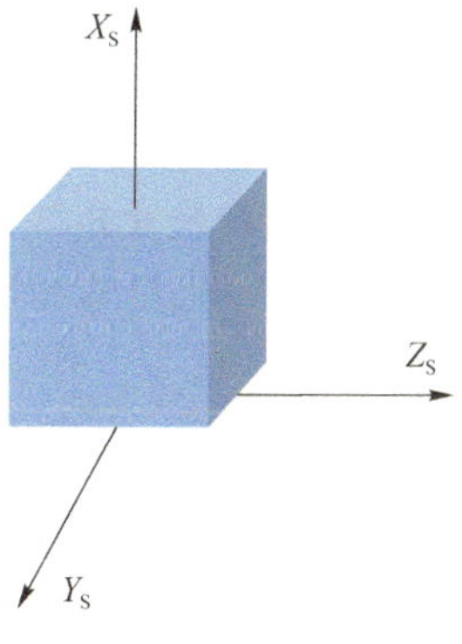

图 4.7　太阳同步轨道上三轴稳定的 DEMETER 卫星坐标[12]

4.3.2　探头坐标系

卫星上通常安装有多种科学探测仪器。每种探测仪器探头的安装方向需根据科学目标设定和卫星坐标系的架构设置。探头坐标系就是相对于卫星坐标系构建的，其坐标系的定义依靠仪器的主轴决定。不同探测仪器的坐标系不同，通常由卫星总体设计人员和仪器设计人员协商决定。

不同探测器探测参数最终要转化到卫星坐标系中，然后再转化到地理或地磁坐标系中。不同坐标系之间的变换矩阵由工程设计人员给出。图 4.8 展示了 DEMETER 卫星磁场探测仪坐标系(B_1,B_2,B_3)与卫星坐标系(X_s,Y_s,Z_s)关系。B_1 平行于 X_s;B_2 在 Y_S-Z_S平面内,与 Y_s 和$+Z_s$ 成 45 度角;B_3 在 Y_s-Z_s 平面内,与 Y_s 和$-Z_s$ 成 45 度角。探头在卫星坐标系中的位置为:$X=1\ 688.09$ mm,$Y=1\ 753.69$ mm,$Z=132.0$ mm。根据探头坐标轴与卫星坐标轴的几何关系,可以导出探头坐标系(T)到卫星坐标系(S)的变换矩阵为[12]:

$$\begin{bmatrix} 1.00000 & 0.00000 & 0.00000 \\ 0.00000 & 0.70711 & 0.70711 \\ 0.00000 & 0.70711 & -0.7071 \end{bmatrix} \cdot \begin{pmatrix} B_1 \\ B_2 \\ B_3 \end{pmatrix}_{\mathrm{T}} = \begin{pmatrix} B_x \\ B_y \\ B_z \end{pmatrix}_{\mathrm{S}} \tag{4.4}$$

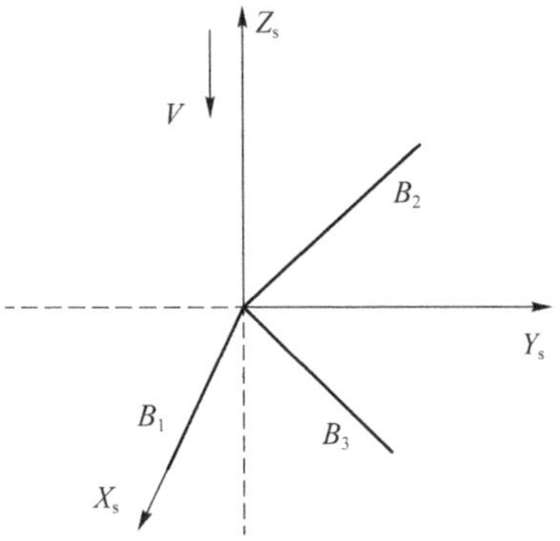

图 4.8 DEMETER 卫星磁场探头坐标系与卫星坐标系的关系[12]

4.4 正交坐标系变换方法

DEMETER 卫星坐标系和探头坐标系都是正交坐标系,它们之间相差一个转换矩阵。对于正交坐标系来说,只要知道两个坐标系之间的转化矩阵,就可以将测量的矢量从一个坐标系转化到另外一个坐标系中。其方法就是计算转化矩阵和旧坐标系中的矢量[单列矩阵]的行乘,所得到的矢量[单列矩阵]就是新坐标中的值。

最简单的坐标变换方法就是首先在旧坐标系 a 中找出新坐标系 b 的三个坐标轴的取向。若新 X 轴在旧体系中的余弦表示为(x_1,x_2,x_3)(也就是新坐标轴在原坐标系中的单位矢量),Y 轴为(y_1,y_2,y_3),Z 轴为(z_1,z,z_3),那么矢量$(B_x,B_y,B_z)_a$从旧坐标系 a 转换到新坐标系 b 中的计算公式为[5]:

$$\begin{pmatrix} x_1 x_2 x_3 \\ y_1 y_2 y_3 \\ z_1\ z_2\ z_3 \end{pmatrix} \cdot \begin{pmatrix} B_x \\ B_y \\ B_z \end{pmatrix}_{\mathrm{a}} = \begin{pmatrix} B_x \\ B_y \\ B_z \end{pmatrix}_{\mathrm{b}} \tag{4.5}$$

相反,矢量 $\boldsymbol{B}$ 从坐标系 b 转换到坐标系 a 中的计算公式为:

$$\begin{pmatrix} x_1 y_1\ z_1 \\ x_2 y_2\ z_2 \\ x_3 y_3\ z_3 \end{pmatrix} \cdot \begin{pmatrix} B_x \\ B_y \\ B_z \end{pmatrix}_{\mathrm{b}} = \begin{pmatrix} B_x \\ B_y \\ B_z \end{pmatrix}_{\mathrm{a}} \tag{4.6}$$

两个矩阵的乘积可以用 IDL 数组列乘(#)获得(c=a#b)。两个数组的列乘(#)要求数组 a 的列数等于 b 的行数，以便将第一个数组 a 的列乘以第二个数组 b 的行。乘积 c 具有 a 的列和 b 的行数。

两个矢量的点乘和叉乘可以直接调用 IDL 例程代码中的函数 dot_multiply.pro 和 cross_multiply.pro。两个矢量的点乘($\boldsymbol{c}=\boldsymbol{a}\cdot\boldsymbol{b}=|a||b|\cos\theta$，$\theta$ 为 $\boldsymbol{a}$ 和 $\boldsymbol{b}$ 之间的夹角)就是把其中的一个矢量投影到另一个矢量方向上。例如，将波矢量 $\boldsymbol{k}$ 平行于背景磁场方向的分量为：

$$k_{||}=\boldsymbol{k}\cdot\boldsymbol{B}=|k||B|\cos\theta \tag{4.7}$$

两个矢量的叉乘($\boldsymbol{c}=\boldsymbol{a}\times\boldsymbol{b}=|a||b|\sin\theta$)获得的矢量 $\boldsymbol{c}$ 垂于两个矢量。例如，电磁波的坡印廷矢量为：

$$\boldsymbol{P}=\delta\boldsymbol{E}\times\delta\boldsymbol{B} \tag{4.8}$$

4.5　惯性和地理坐标系

4.5.1　地心赤道惯性系（GEI）

在计算天体和卫星的轨道时，通常会用到地心赤道惯性系(geocentric equatorial inertial system,GEI)[5]。图 4.9 展示了 GEI 坐标系的三个坐标轴指向。GEI 坐标系以地心为坐标原点，其 X_{GEI} 轴由地心指向春分点时太阳所处的位置，它是地球赤道面与黄道面的相交线，因此 X_{GEI} 轴同时处于这两个平面上。GEI 坐标系的 Z_{GEI} 轴与地球自转轴平行，其 Y_{GEI} 轴与 X_{GEI} 及 Z_{GEI} 轴构成右手正交系，即 $Y_{\mathrm{GEI}}=Z_{\mathrm{GEI}}\times X_{\mathrm{GEI}}$。

如果知道在 GEI 系中测量的矢量 $(B_x,B_y,B_z)_{\mathrm{GEI}}$ 和其大小 B，则赤经度(φ)和赤纬度(λ)为：

$$\varphi=\tan^{-1}(B_y/B_x) \tag{4.9}$$

$$\lambda=\sin^{-1}(B_z/B) \tag{4.10}$$

当 $B_y\geqslant 0$ 时，$0°\leqslant\varphi\leqslant 180°$；当 $B_y\leqslant 0$ 时，$-180°\leqslant\varphi\leqslant 0°$；$-90°\leqslant\lambda\leqslant 90°$。

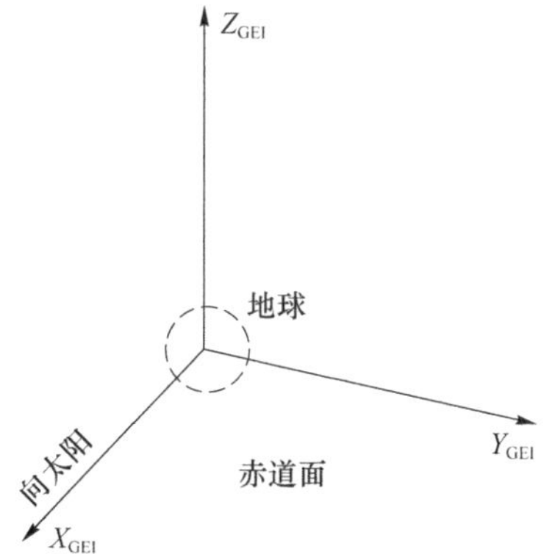

图 4.9　地心赤道惯性系(GEI)坐标系[5]

GEI 之所以叫惯性系是因为坐标轴相对于遥远的恒星是“静止的”。无论是地球自转还是卫星在运动，此坐标轴都是“固定不动的”。不过时间久了，春分指的方向相对于恒星也会发生变化。四千年前，春分(X_{GEI} 轴)指向白羊座。今天，春分指向双鱼座。

4.5.2 地理坐标系(GEO)

在确定卫星发射和接收位置等导航定位时，需要使用地理坐标系(geographic coordinates,GEO)[5]。图4.10展示了地理坐标系的三个坐标轴指向。GEO坐标系的X_{GEO}轴在地球赤道平面上通过格林尼治子午圈(0经度)由地心指向外面；Z_{GEO}轴与Z_{GEI}相同，平行于地球自转轴；$Y_{GEO}=Z_{GEO}\times X_{GEO}$。

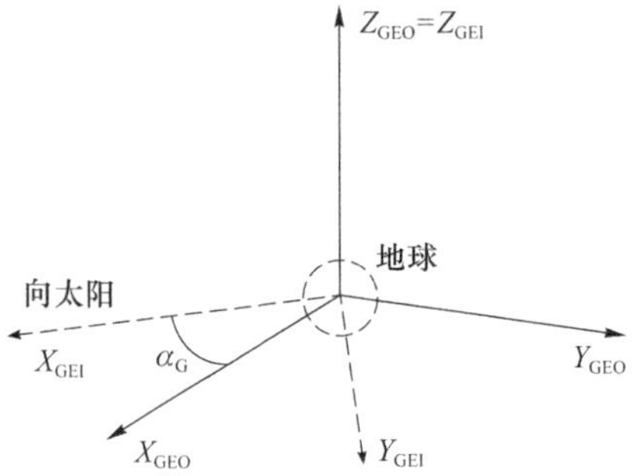

图4.10 地理坐标系(GEO)坐标系[5]

如果知道在GEO系中测量的矢量$(B_x,B_y,B_z)_{GEO}$和大小B，则可以由公式4.9和4.10计算得到地理经度(φ)和地理纬度(λ)。地理经纬度可以确定地球上任何一点的位置。如果将地球看作一个椭球体，而经纬网就是加在地球表面的地理坐标参照系格网，经度和纬度是从地球中心对地球表面给定点量测得到的角度，经度是东西方向，经度的测量是以向东为正。而纬度是南北方向，经线从地球南北极穿过，而纬线是平行于赤道的。

在分析和处理地基和空间探测数据时，除了将数据转换到地理坐标系中之外，还需要给出数据测量点所在的地方时，以便分析探测物理量(譬如地磁场强度、电离层等离子体密度等)的地方时变化。通常，观测者所在的地方时(LT)就等于当时的世界时(UT)加上观测者所在地的地理经度的时间间隔(1 h对应的地理经度为360°/24=15°)，即：

$$LT=UT+\frac{\varphi}{15^\circ} \tag{4.11}$$

例如，北京大约位于东经120°的经度位置上，则北京的地方时$LT=UT+120/15=UT+8$。

世界时区标准是1884年在华盛顿召开的国际经度会议制定的：(1)全球划分为24个时区，每隔15°就是1个时区；(2)以通过英国伦敦格林尼治天文台的0°经线本初子午线为基准，从西经7.5°到东经7.5°为0时区。向东每隔15°依次划分为东1～12区，向西每隔15°依次划分为西1-12区。东12时区和西12时区和为1个时区。

由于GEO和GEI坐标系的Z轴是共同的，所以只知道白羊座(Aries)中的第一个点相对于格林尼治子午线的位置便可确定所需的变换。设格林尼治子午线与地球赤道上由Aries的第一点向东测量的Aries的第一点之间的夹角为α_G，则Aries的第一点在GEO系中的位置为$(\cos\alpha_G,-\sin\alpha_G,0)$。这样就可以将GEO中测量的矢量$(B_x,B_y,B_z)_{GEO}$转换到GEI中$(B_x,B_y,B_z)_{GEI}$，其坐标变换公式为[5]：

$$\begin{pmatrix}\cos\alpha_G & -\sin\alpha_G & 0\\ \sin\alpha_G & \cos\alpha_G & 0\\ 0 & 0 & 0\end{pmatrix}\cdot\begin{pmatrix}B_x\\ B_y\\ B_z\end{pmatrix}_{GEO}=\begin{pmatrix}B_x\\ B_y\\ B_z\end{pmatrix}_{GEI} \tag{4.12}$$

其逆变换为：

$$\begin{pmatrix} \cos\alpha_G & \sin\alpha_G & 0 \\ -\sin\alpha_G & \cos\alpha_G & 0 \\ 0 & 0 & 0 \end{pmatrix} \cdot \begin{pmatrix} B_x \\ B_y \\ B_z \end{pmatrix}_{GEI} = \begin{pmatrix} B_x \\ B_y \\ B_z \end{pmatrix}_{GEO} \tag{4.13}$$

角度 α_G 是以天和年为单位的时间函数，因为惯性空间中地球每年自转 366.25 周，大于 365.25 周。因此，相对于惯性空间来说（恒星日），一天不到 24 小时。α_G 角被称为格林尼治恒星平均时。

4.6　地心太阳黄道坐标系

在测量行星际磁场和太阳风等离子体流速时，通常把数据放在地心太阳黄道坐标系（geocentric solar ecliptic system，GSE）中。图 4.11 给出了 GSE 坐标系的三个坐标轴方向。X_{GSE} 轴由地心指向太阳，Y_{GSE} 轴在黄道平面上并指向昏侧（与行星运动方向相反），Z_{GSE} 轴与黄道极平行[2]。该坐标系随着地球围绕太阳公转，其公转周期为一年。这与 GEI 惯性坐标系不同。

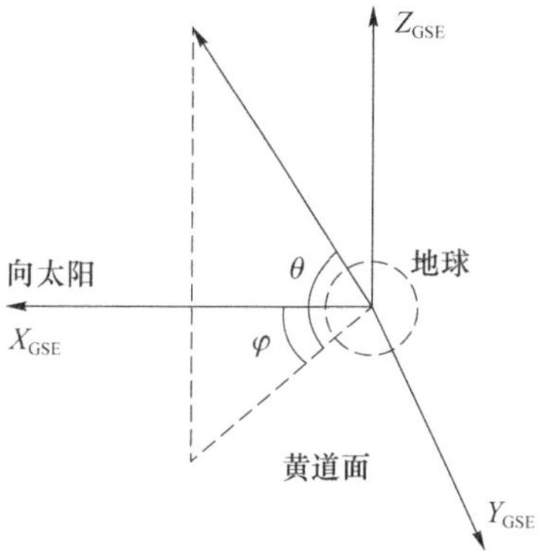

图 4.11　地心太阳黄道坐标系[2]

如果知道在 GSE 系中测量的矢量 $(B_x, B_y, B_z)_{GSE}$ 和其大小 B，则由公式 4.9 和公式 4.10 也可以计算 GSE 的经纬度。经度的测量是在 X_{GSE}-Y_{GSE} 平面上由 X_{GSE} 向 Y_{GSE} 轴进行，纬度测量是与 $X_{GSE}-Y_{GSE}$ 平面的夹角，沿 Z_{GSE} 轴正分量的方向为正。

GSE 坐标系的公转可以消除由于地球运动而产生的光行差效应。地球在 $-Y_{GSE}$ 方向的公转速度近似为 $V_E=30$ km/s，而太阳风沿着日地连线方向的运动速度大约为 $V_X=240\sim900$ km/s。如果在惯性坐标系测量太阳风速度，其测量值是两个速度矢量的合成大小，其合成速度方向沿着地球公转方向偏离一个角度 $\alpha=\arctan\left(\frac{V_E}{V_X}\right)$。但是 GSE 坐标系随着地球的公转运动恰好可以抵消地球的公转速度造成的光行差效应。因此，在处理和分析太阳风速度时，需要放在 GSE 坐标系中才合理。

GSE 系中 Z_{GSE} 轴（黄道极点）的位置在 GEI 系中是常数（0，−0.398，0.917）。其 X_{GSE} 轴在 GEI 系指向太阳的方向 (S_1, S_2, S_3)，可以通过《太空物理学导论》书中 A.3.5 节给出的子程序算出[5]。其 Y_{SE} 轴在 GEI 系中的方向 (Y_1, Y_2, Y_3) 为：

$$(0,-0.3978,0.9175)\times(S_1,S_2,S_3) \tag{4.14}$$

只要得到 GSE 坐标轴在 GEI 中的单位方向,便可把 GEI 系中测量的矢量转换到 GSE 系中[5]:

$$\begin{pmatrix} S_1 & S_2 & S_3 \\ Y_1 & Y_2 & Y_3 \\ 0 & -0.3978 & 0.9175 \end{pmatrix} \cdot \begin{pmatrix} B_x \\ B_y \\ B_z \end{pmatrix}_{\text{GEI}} = \begin{pmatrix} B_x \\ B_y \\ B_z \end{pmatrix}_{\text{GSE}} \tag{4.15}$$

GSE 坐标系虽然可以很好地反映出太阳风速度和行星际磁场方向等矢量特征,但是它并没有考虑地磁轴绕地理轴的每日旋转,也没有考虑地磁场位形的周日变化。因此,它并不适合用于分析地球磁层中的一些矢量场相对于地球磁场的分布或变化。

4.7 磁层和地磁坐标系

4.7.1 地心太阳磁层坐标系(GSM)

在分析太阳风与地球磁层相互作用或者研究地球外磁层($>6R_E$)、磁层顶和磁鞘中的矢量场时,通常把卫星探测数据转化到地心太阳磁层坐标系(Geocentric Solar Magnetospheric System,GSM)中。该坐标系的 X_{GSM} 轴与 GSE 系的 X_{GSE} 轴相同,也是由地心指向太阳的。相对于 GSE 系来说,GSM 系的 Y_{GSM} 轴和 Z_{GSM} 轴绕 X_{GSM}/X_{GSE} 轴旋转了一个角度 α。图 4.12 展示了 GSM 和 GSE 坐标轴之间的位置关系。GSM 的 Y_{GSM} 轴与地磁偶极轴垂直,且垂直于日地线的。因此,Y_{GSM} 轴在晨昏子午线上并指向黄昏侧[2]。Z_{GSM} 轴在 X_{GSM} 轴与偶极轴决定的平面内(即共面),取向与磁北极相同但并不重合,一天围绕地球自转轴一周。

由于 GSM 坐标系中的 Y_{GSM} 轴始终与地球偶极子轴垂直,所以该坐标系将地球偶极轴在 GEI 和 GSE 体系中的三维运动简化为 X_{GSM}-Y_{GSM} 平面中的二维运动。磁北极与 GSM 系的 Z_{GSM} 轴夹角称为偶极倾角,当磁北极倾向太阳时,此角为正。除了由于地球绕太阳的公转所导致的一年公转周期外,这个坐标系还以 24 小时为周期绕太阳振动。如果已知 GSM 坐标系中的探测的矢量$(B_x,B_y,B_z)_{GSM}$和大小 B,则由公式 4.9 和 4.10 可以计算出 GSM 的经纬度。

此外,GSM 坐标系也常常用来研究行星际磁场相对于地球磁层的锥角和时钟角,其锥角是行星际磁场与 X_{GSM} 轴的夹角,也叫太阳天顶角(S_{ZA})或极化角,其时钟角就是行星际磁场在 Y_{GSM}-Z_{GSM} 平面上的投影角,也称方位角,其测量是从正 Y_{GSM} 轴指向正 Z_{GSM} 轴[5]。

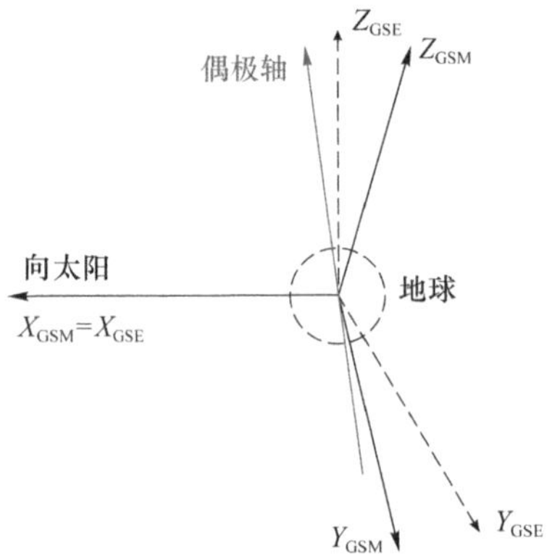

图 4.12 地心太阳磁层坐标系[2]

由于 GSM 和 GSE 坐标系的 X 轴是指向太阳固定不变的，所以这两个坐标系都有一年的公转周期。如果知道这两个坐标系 Z 轴或 Y 轴之间的夹角 α，便可将 GSE 坐标系中的一个探测矢量 $(B_x,B_y,B_z)_{\mathrm{GSE}}$ 转换到 GSM 坐标系中，坐标变换公式为[5]：

$$\begin{pmatrix}1 & 0 & 0\\ 0 & \cos\alpha & \sin\alpha\\ 0 & -\sin\alpha & \cos\alpha\end{pmatrix}\cdot\begin{pmatrix}B_x\\ B_y\\ B_z\end{pmatrix}_{\mathrm{GSE}}=\begin{pmatrix}B_x\\ B_y\\ B_z\end{pmatrix}_{\mathrm{GSM}} \tag{4.16}$$

这里，α 角每天的变化范围为 $\pm 11°$，每年的变化范围为 $\pm 23.5°$。其逆变换用 GSM 坐标中的矢量点乘转换矩阵的逆矩阵即可。

4.7.2　太阳磁坐标系(SM)

在分析和处理那些受地球偶极场影响大于太阳风影响的磁层矢量场时，可以使用太阳磁坐标系(Solar Magnetic Coordinates，SM)。SM 坐标系中的 Z_{SM} 轴与偶极轴平行，Y_{SM} 轴与 Y_{GSM} 轴相同。$X_{\mathrm{SM}}=Y_{\mathrm{SM}}\times Z_{\mathrm{SM}}$，$X_{\mathrm{SM}}$ 轴在日地连线和偶极轴决定的平面内，但并不指向太阳[2]。图 4.13 给出 SM 坐标系三个坐标轴的取向。

SM 坐标系的 X_{SM} 和 Z_{SM} 轴围绕着 GSM 系的 $Y_{\mathrm{GSM}}(=Y_{\mathrm{SM}})$ 旋转了一个角度，其旋转角度等于偶极倾角 μ。与 GSM 系一样，SM 系每天随地球自转一周，每年围绕太阳旋转一周。

将一个矢量从 GSM 坐标系变换到 SM 坐标系的公式为[5]：

$$\begin{pmatrix}\cos\mu & 0 & -\sin\mu\\ 0 & 1 & 0\\ \sin\mu & 0 & \cos\mu\end{pmatrix}\cdot\begin{pmatrix}B_x\\ B_y\\ B_z\end{pmatrix}_{\mathrm{GEM}}=\begin{pmatrix}B_x\\ B_y\\ B_z\end{pmatrix}_{\mathrm{SM}} \tag{4.17}$$

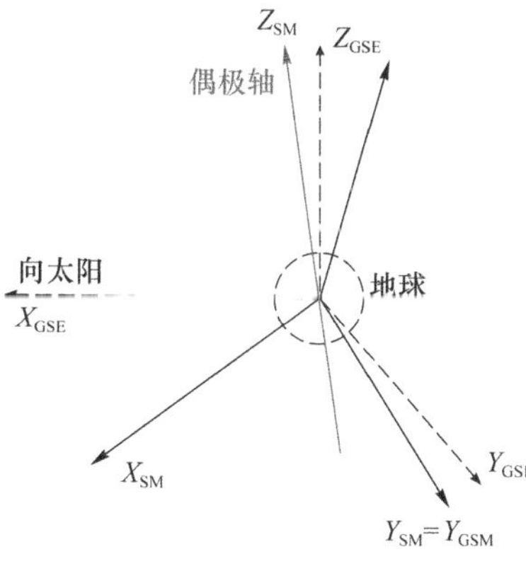

图 4.13　太阳磁坐标系[2]

4.7.3　地磁坐标系(MAG)

与 MG 坐标相似，地磁坐标系(Geomagentic Coordinates，MAG)坐标系的 Z_{MAG} 轴与磁偶极轴平行，在地理坐标中的位置为(0.062 52，−0.180 60，0.981 57)[5]。它的 Y_{MAG} 轴垂直于地极，若 N_{m} 是磁偶极位置，S 是南极点，则 $Y_{\mathrm{MAG}}=N_{\mathrm{m}}\times S/|N_{\mathrm{m}}\times S|$。$X_{\mathrm{MAG}}$ 坐标由 $Y_{\mathrm{MAG}}\times Z_{\mathrm{MAG}}$ 决定。MAG 坐标系就是 SM 坐标系的 X_{SM} 和 Y_{SM} 轴围绕着 Z_{SM} 轴($=Z_{\mathrm{MAG}}$)旋转了一个角度。

MAG 坐标系又称地心倾斜偶极坐标系或地磁偶极坐标系[2,3]。地磁偶极轴与地球自转轴并不重合。磁偶极轴与自转轴之间的夹角(θ_0)在不同年份地略有变化。从 1985 年国际地磁参考地磁场(IGRF)知,磁偶极轴的地理坐标为:余纬 $\theta_0=11.018°$,东经 $\varphi_0=-70.905°\sim 70.905°$。

图 4.14 给出了内磁层磁场线(蓝色)、偶极子轴和地球自转轴的位置关系。在大约 $3R_E\sim 6R_E$之间的地球磁场是昼夜对称的,可以当作偶极磁场,该区域内的矢量数据需要放在 MAG 坐标系中分析。但是,在小于 $3R_E$或大于 $6R_E$范围内的磁力线并不是昼夜对称的,偏离了偶极场形状,需要使用其他坐标系。大于 $6R_E$范围内的矢量通常使用 GSM 坐标系。

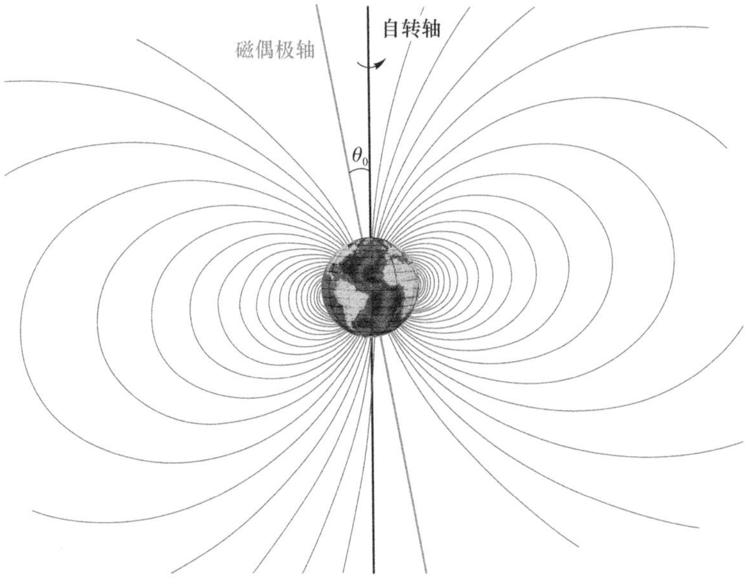

图 4.14 地球内磁层磁力线分布形状、磁偶极轴和地球自转轴的几何位形

若已知在 MAG 体系中的矢量$(B_x,B_y,B_z)_{MAG}$,其大小为 B,则由公式 4.9 和 4.10 也可以计算得到地磁经度(φ)和地磁纬度(λ)。零度地磁经线为连接地磁北极、地理南极和地磁南极的大半圆。地磁经度向东为正,地理北极位于 180°的地磁经线上,从地磁赤道到地磁北极的地磁纬度为正值,从地磁赤道到地磁北极的地磁纬度为负值[3]。

由于地磁坐标系是固定在旋转的地球上,因此将地理坐标系测量的矢量$(B_x,B_y,B_z)_{GEO}$变换到地磁坐标系时,只需乘上一个常数矩阵[5],即:

$$\begin{pmatrix} 0.321\,10 & -0.927\,56 & -0.191\,12 \\ 0.944\,98 & 0.327\,13 & 0 \\ 0.062\,52 & -0.180\,60 & 0.981\,57 \end{pmatrix} \cdot \begin{pmatrix} B_x \\ B_y \\ B_z \end{pmatrix}_{GEO} = \begin{pmatrix} B_x \\ B_y \\ B_z \end{pmatrix}_{MAG} \tag{4.18}$$

其逆变换为:

$$\begin{pmatrix} 0.321\,10 & 0.944\,98 & 0.0625\,2 \\ -0.927\,56 & 0.327\,13 & -0.180\,60 \\ -0.191\,12 & 0 & 0.981\,57 \end{pmatrix} \cdot \begin{pmatrix} B_x \\ B_y \\ B_z \end{pmatrix}_{MAG} = \begin{pmatrix} B_x \\ B_y \\ B_z \end{pmatrix}_{GEO} \tag{4.19}$$

图 4.15 给出了测量点 P 点所在位置的地磁偶极坐标系与地理坐标系的关系。如果已知

P 的地理余纬(θ)和地理经度(φ)，则它的地磁余纬(Θ)和地磁经度(Φ)为[2]：

$$\left.\begin{aligned}\cos\Theta &= -\cos\theta\cos\theta_0-\sin\theta\sin\theta_0\cos(\varphi-\varphi_0)\\ \sin\Phi &= \sin\theta\sin(\varphi-\varphi_0)/\sin\Theta\end{aligned}\right\}\tag{4.20}$$

相反，也可以从地磁坐标位置换算出地理坐标位置：

$$\left.\begin{aligned}\cos\theta &= -\cos\Theta\cos\theta_0-\sin\Theta\sin\theta_0\cos\Phi\\ \sin(\varphi-\varphi_0) &= \sin\Theta\sin\Phi/\sin\theta\end{aligned}\right\}\tag{4.21}$$

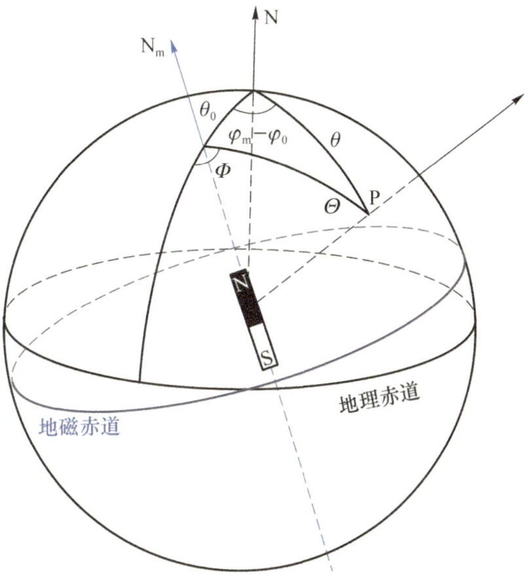

图 4.15　测量点 P 点所在位置的地磁偶极坐标系参数与地理坐标系参数的关系[2]

在研究高纬度磁场扰动和极光活动时，需要考虑太阳相对于地磁场的方向。如果知道太阳所处的地磁经度Φ_s，则观测点(Θ,Φ)所在的磁地方时(MLT)为：

$$MLT=\frac{\Phi_s-\Phi}{15^\circ}\tag{4.22}$$

由于地磁偶极子轴与地球自转轴并不重合，所以磁地方时(MLT)并不等于地理地方时(LT)。图 4.16 给出了磁地方时和地理地方时的关系[3]。当测量点 P 所在地磁经度经过日下点(即日地连线和地面的交点)时，测点的磁地方时为正午(如 S 点)，即 $MLT=12\text{h}=180^\circ$；而相差 180°的地磁经线位于地磁午夜(如 S_1 点)，即 $MLT=0\text{h}=0^\circ$。磁地方时随地磁经度的变化是不均匀的。但是，地理地方时随地理经度的变化是均匀的。例如，太阳从地磁正午 S 点移动到地理子夜 S_2 点的时间与从 S_2 点移动到 S 点的时间间隔是相同的，都需要 12 小时。纬度越高，磁地方时(MLT)与地理地方时(LT)的差别越大。MLT 与 LT 的换算公式为[3]：

$$\sin(MLT-\Phi)=\frac{-\cos\delta\sin(\varphi-\varphi_0-LT)}{\sqrt{1-[\cos\theta_0\sin\delta-\sin\theta_0\cos\delta\cos(\varphi-\varphi_0-LT)]^2}}\tag{4.23}$$

这里，δ 为太阳赤纬，即太阳直射点所在的地理纬度。在春分和秋分时，$\delta=0^\circ$；夏至时，$\delta=23.5^\circ$；冬至时，$\delta=-23.5^\circ$。

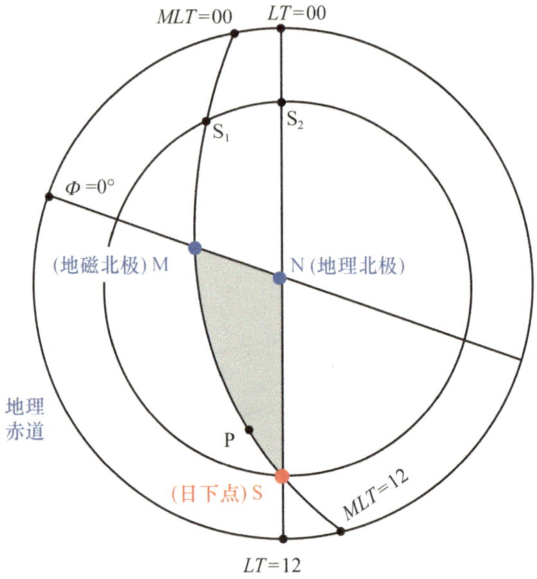

图 4.16　测量点 P 对应的地理地方时(LT)和磁地方时(MLT)的关系[3]

4.8　局地坐标系

GEI、GEO、GSE、GSM、SM 和 MAG 都是以地心为坐标原点的坐标系，它们适用的空间范围较广。但是，在分析当地空间等离子体波的扰动、传播方向和电磁场间断面或过渡区时，需要使用一些局地坐标系。常用的局地坐标系有：平均场向坐标系(MFA)、边界法线坐标系(LMN)和地磁场观测点坐标系(HDZ)等。

4.8.1　平均场向坐标系(MFA)

在分析电磁波扰动和传播方向时，通常将波磁场或波电场三分量转换到平均场向坐标系(Mean field aligned (MFA) coordinates)中。如图 4.17 所示，这种坐标系是随着局地磁场矢量$\boldsymbol{B}_0$ 方向的改变而变化的[22]。μ 沿着背景磁场B_0 的方向(即当地磁力线的切线方向)，φ 是方位方向，$v=\mu\times\varphi$。v 始终垂直于当地的磁场方向(μ)。在磁赤道面上，v 沿径向(r)向外。

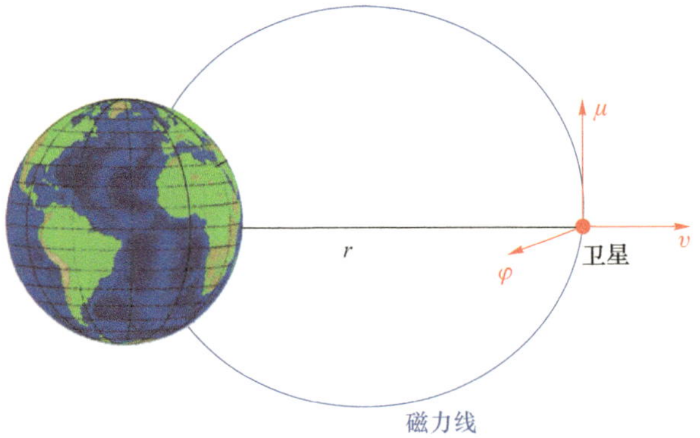

图 4.17　平均场向(MFA)坐标系示意图[23]

4.8.2　边界法线坐标系(*LMN*)

在地球和行星磁层中存在许多切向不连续的间断面，譬如地球磁层顶和磁尾电流片等。当不存在磁层顶磁重联时，穿过磁顶层表面的磁场不相连，磁场在边界两边都与边界相切，法线的方向可以通过求这两个方向的叉积得到。即使磁场与穿过它的磁顶层相连，仍然可以通过找出磁场变化几乎为零或磁场变化最小的方向来确定边界的法线。这个方向一定是与磁顶层垂直的，这是因为磁场是无散度的，并且由于穿过一个极窄的不连续的表面时，它不可能在垂直于此表面的方向上变化。在这样的自然边界上，可以定义直角坐标系，使 $L-M$ 平面与边界面相切，N 轴沿边界面法线，这就是边界法线坐标系[5]。

边界法线坐标系可以使用最小变量分析法来确定(具体方法请看第 6 章第 1 节)。磁场或电场沿着边界法的变化最小(N)，沿着边界切面有一个变化最大的方向(L)和一个中间变化的方向(M)。图 4.18 是向日面地球磁层顶上的 LMN 坐标示意图，这里用 LMN 来代替 XYZ 坐标轴。L 是磁场变化最大的方向(磁场方向)，M 轴垂直于法线方向 N 和 Z_{GSM} 轴决定的平面，N 是磁层顶的法向。

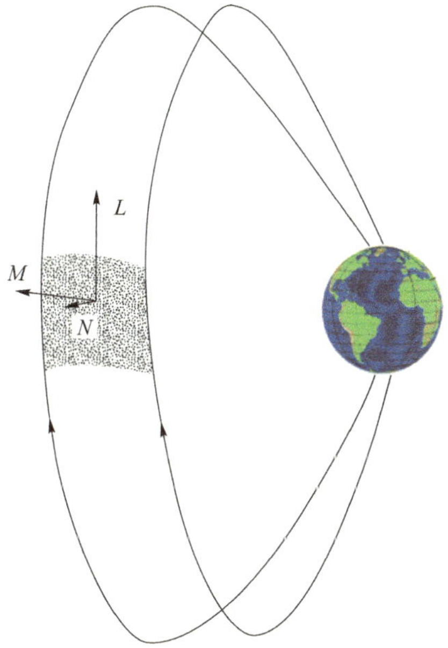

图 4.18　向日面磁层顶上的 LMN 坐标示意图[19]

4.8.3　地磁场观测点坐标系(*HDZ*)

地磁场是一个矢量场，它是空间位置和时间的函数。描述地磁场的参量有 7 个：地磁总强度(F)、水平分量(H)、垂直分量(Z)、磁偏角(D)、磁倾角(I)、北向分量(X)和东向分量(Y)。这 7 个参量只有 3 个是独立的。图 4.19 给出了地磁场观测点坐标系及地磁场要素。这个坐标系以观测点为原点，X 轴指向地理北，Y 轴向地理东，Z 轴垂直向下。地磁场水平分量(H)与地理北向(X 轴)的夹角为磁偏角 D；地磁场总矢量与水平面的夹角为磁倾角 I。地磁场不同地磁要素之间的数学关系式为[3]：

$$
\begin{cases}
H = \sqrt{X^2 + Y^2} \\
F = \sqrt{H^2 + Z^2} \\
\tan D = \dfrac{Y}{X} \\
\sin D = \dfrac{Y}{H} \\
\tan I = \dfrac{Z}{H} \\
\sin I = \dfrac{Z}{F}
\end{cases}
\tag{4.24}
$$

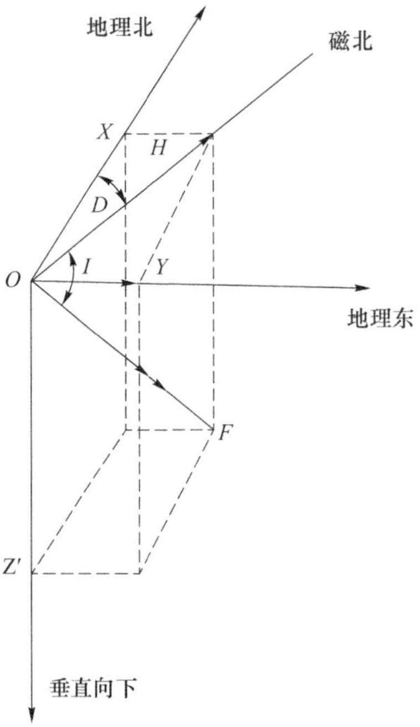

图 4.19 地磁场观测点坐标系及地磁场要素[3]

4.9 其他行星坐标系

以上介绍的空间坐标系除了应用于地球空间之外，还可以推广到其他磁化行星物理领域（如图 4.1 所示）。可以采用行星轨道平面来确定 $X-Y$ 平面，以代替地球轨道中的黄道平面。同样，对于磁化行星，若其 Y 轴垂直于磁偶极轴和太阳指向所共有的平面，则可以使用 GSM 坐标系。即使对于仅仅具有弱感应磁场的金星和部分剩余磁场的火星，也可以将 GSE 坐标系推广到金星太阳轨道系及火星太阳轨道系[5]。

在研究非磁化行星、彗星和磁化行星激波的逆流现象时，采用取向被磁场作用的坐标系也是很有用的。最普遍的方法是调整坐标系使其 X 轴指向太阳，磁场的指向在 $X-Y$ 平面上沿 Y 轴方向。因为太阳风在 $-X$ 方向附近流动，则太阳风的电场指向 $+Z$ 方向。任何新产生于彗星或行星附近的离子都可以在 Z 方向被加速。对金星来说，这种坐标系可以被称为是星际的太阳金星系(VSI),其他行星以此类推[5]。

4.10 坐标变换工具包使用方法

如果知道两个坐标系之间的变化矩阵,就可以将空间探测矢量数据从一个坐标系变换到另外一个空间坐标系中。为了方便空间探测数据的处理和分析应用,国际上已公开发布了两种 IDL 版本的空间坐标系变换工具包:spedas 工具包[18]和 Geopack 工具包[23]。开源的 spedas 工具包可以从以下网址下载(https://spedas.org/blog/)或者通过搜索关键字"spedas"找到最新的下载地址。IDL Geopack DLM 动态链接模块可以通过以下网址下载(https://www.korthhaus.com/index.php/idl-software/idl-geopack-dlm/)或者通过搜索关键字"idl Geopack"找到最新下载地址。

4.10.1 Geopack 工具包的使用

(1) 配置 IDL Geopack 动态链接库

当用户下载到最新版本的 Geopack 工具包(idl_geopack_*)后,解压缩后打开该文件夹即可获得相关的坐标变换工具模块(geopack_demo、idl_geopack.dll 和 idl_geopack.dlm)和使用说明书(IDL Geopack DLM.pdf)。用户可以根据使用说明书进行安装和进行模块的调用。

首先,关闭正在使用的 IDL 程序编译器。然后,打开解压缩后的 idl_geopack_*(譬如 idl_geopack_109)文件夹,根据个人电脑的 CPU 性能(32 位或 64 位)和操作系统(win 32/64、linux32/64 或 mac64)选择相应文件中的 idl_geopack.dll 动态链接库文件,并且把 idl_geopack.dll 和解压缩文件夹中的 geopack_demo 和 idl_geopack.dlm 三个文件直接复制粘贴到安装好的 IDL8.3 文件夹的 bin 库里即可。例如,将 geopack_demo、idl_geopack.dll 和 idl_geopack.dlm 拷贝到 C:\Program Files\Exelis\IDL83\bin\bin.x86_64)。最后,重新启动 IDL 程序编译器即可调用 Geopack 坐标变换模块。

(2) 设置 Geopack 全局变量

◇ **语法格式**

```
geopack_recalc,year, doy, hour, min, sec
```

这里,输入参数 year,doy, hour, min 和 sec 分别是数据测量时间年、一年中的第几天(day of a year)小时、分和秒。doy 可以下列公式计算出来:doy=julday(month,day,year)−julday(1,1,year)

例如,

```
IDL> doy = julday(8,24,2005) - julday(1,1,2005)
% Compiled module: JULDAY.
IDL> print,doy
        235
```

如果用户不想将日期(几月几日)转换成 doy,可以设置/date 来输入"月"和"日"来进行设置全局变量。另外,过用户也可以设置关键字 tilt=variable 来获取当时的地球偶极子倾角

(variable)。

(3) 调用 geopack_conv_coord 过程进行坐标变换

◇ **语法格式**

```
geopack_conv_coord,s1, s2, s3, d1, d2, d3 ,/from_origin, /to_target
```

输入参数(s1, s2, s3, d1, d2, d3)和关键字(/from_origin, /to_target)的功能由表 4.1 给出。from 后面的英文缩写是原始坐标系,而 to 后面的是目标坐标系,需要同时使用这两个关键字才能将物理量从原始坐标系转换到目标坐标系中。

表 4.1 geopack_conv_coord 输入参数和关键字[23]

输入参数或关键字	功 能
s1,s2,s3	原坐标系中的矢量三分量
d1, d2, d3	转换到目标坐标中的矢量三分量
/from_GEO	从地理坐标转换到其他坐标系
/from_MAG	从地磁坐标转换到其他坐标系
/from_GEI	从地心赤道惯性坐标转换到其他坐标系
/from_SM	从太阳磁坐标转换到其他坐标系
/from_GSM	从地心太阳磁层坐标转换到其他坐标系
/from_GSE	从地心黄道坐标转换到其他坐标系
/to_GEO	从其他坐标系转换到地理坐标中
/to_MAG	从其他坐标系转换到地磁坐标中
/to_GEI	从其他坐标系转换到地心赤道惯性坐标中
/to_SM	从其他坐标系转换到太阳磁坐标中
/to_GSM	从其他坐标系转换到地心太阳磁层坐标中
/to_GSE	从其他坐标系转换到地心黄道坐标中

◇ **注意事项**

geopack_conv_coord 过程的输入参数 s1, s2 和 s3 不能是数组,只能是单个数据。调用该过程一次只能转换一个时刻的矢量数据。例如,将 GEOTAIL 卫星测量的太阳风速度从 GSE 坐标系转换到 GSM 坐标系中。其代码如下:

```
;==============================================================================
pro Transform_coordinates_with_Geopack
  openr,lun,filepath('geotailnp1.TXT',root_dir='D:\Space data'),/get_lun
  sw = dblarr(12,91)
  readf,lun,sw
  ;-----------------------------------------------------------------------------
  vxgse = sw[9, * ]   ;flow velocity Vx
  vygse = sw[10, * ]
  vzgse = sw[11, * ]
  s2 = dblarr(91)
  t2 = dblarr(91)
  gv = dblarr(3,91)
```

```
for j = 0,90 do begin
  s2(j) = sw[3,j] * 3600.0 + sw[4,j] * 60.0 + sw[5,j]
  t2(j) = s2[j]/3600.0
  ;geopack_recalc,2005,235,sw[3,j],sw[4,j],sw[5,j],tilt = variable
  geopack_recalc,2005,8,24,sw[3,j],sw[4,j],sw[5,j],/date,tilt = variable
  geopack_conv_coord,vxgse[j],vygse[j],vzgse[j],vxgsm,vygsm,vzgsm, $
      /from_gse,/to_gsm
  gv(0,j) = vxgsm
  gv(1,j) = vygsm
gv(2,j) = vzgsm
endfor
print,gv[ * ,0:3],variable
end
; ==============================================================================
```

除了实现空间探测数据的坐标变换之外，调用 Geopack 工具包还可以计算地球本底磁场(IGRF)、偶极子磁场和外部磁场(T89 - TS07 磁场模型)的大小和磁力线分布等。在不同年份，地磁场的偶极子轴和自转轴的夹角不一样，磁力线的空间分布形状也不同。因此，在调用 Geopack 工具之前，需要先调用 geopack_recalc 计算事件对应的时间[24]。

4.10.2　spedas 工具包的调用方法

Geopack 包的所有模块已经被整合到空间物理环境数据分析系统(spedas)中[18]。用户将下载的最新版本的 spedas 工具包解压缩后，直接将解压缩文件整个拷贝到安装好的 IDL8.3 文件夹里的 lib 库中。然后重新启动 IDL 程序编译器即可调用 spedas 中的 cotrans 坐标变化过程。要求输入 cotrans 过程的时间和矢量必须先存成 tplot 的变量类型。

例如，下列代码通过调用 spedas 工具包将 GEOTAIL 卫星测量的太阳风速度从 GSE 坐标系转换到 GSM 坐标系中。

```
; ==============================================================================
pro Transform_coordinates_with_Spedas
  openr,lun,filepath('geotailnp1.TXT',root_dir = 'D:\Space data'),/get_lun
  sw = dblarr(12,91)
  readf,lun,sw
;-------------------------------------------------------------------------------
  vxgse = sw[9, * ]   ;flow velocity Vx
  vygse = sw[10, * ]
  vzgse = sw[11, * ]
  s2 = dblarr(91)
  t2 = dblarr(91)
;-------------------------------------------------------------------------------
  ;将时间转化为 time_double 形式
  time = dblarr(n_elements(sw[3, * ]))
  for i = 0, n_elements(hour) - 1 do begin
```

```
    t1 = sw[3,i]
    t2 = sw[4,i]
    t3 = floor(sw[5,i])
    str = STRJOIN([string(t1,FORMAT = '(I2.2)'), $
      string(t2,FORMAT = '(I2.2)'),string(t3,FORMAT = '(I2.2)')],':')
    timestr = STRJOIN(['2005 - 08 - 24/',str])
    time(i) = time_double(timestr)
endfor
;-----------------------------------------------------------------------------------------
   ;将磁场数据存成结构体
  Vsw = transpose([vxgse,vygse,vzgse])
  ;help,time,Vsw
  store_data,'V_gse',data = {x:time,y:Vsw}
  get_data,'V_gse',data = V
  help,V
;-----------------------------------------------------------------------------------------
  ;将磁场从 GSM2GSE
  cotrans,'V_gse','V_gsm',/GSE2GSM
  get_data,'V_gsm',data = V_gsm
  ;---------------------------------------------------------------------------------------
  ;test whether transformation is successful
  ;whether Vxgse = Vxgsm? "Yes" is right
   print,Array_Equal(V.y[ * ,0],V_gsm.y[ * ,0]);output 1,successful
  ;whether Vygse = Vygsm? "Not" is right
   print,Array_Equal(V.y[ * ,1],V_gsm.y[ * ,1]);output 0,successful
  ;whether Vzgse = Vzgsm? "Not" is right
   print,Array_Equal(V.y[ * ,2],V_gsm.y[ * ,2]);output 0,successful
  ;or print their values to compare
  ;print,V.y[0,0]
  ;print,V_gsm.y[0,0]
  ;print,V.y[0,1]
  ;print,V_gsm.y[0,1]
  ;print,V.y[0,2]
  ;print,V_gsm.y[0,2]
 end
; =========================================================================================
```

习　题

1. $B-L$ 坐标系是否是正交坐标系？

2. 简述 GSE、GSM 和 MAG 坐标系的定义和适用区域。

3. 请问地球磁层有哪些区域可以使用边界方向坐标系？画草图并简述原因。

4. 利用 IDL 程序将实验数据库 TC1_20050824_Magnetic Field.txt 文件中 GSE 坐标系中磁场三分量转化到 GSM 坐标系中，并将两种坐标系中相同的磁场分量画在一起进行比较分析。

第 5 章　数据滤波和波谱分析

地球表面到太阳大气层的日地空间区域按照中性大气成分、密度、等离子体成分、密度、高能带电粒子和磁场的分布形态可以分为不同区域。仅地球空间就大致分为大气层、电离层、等离子体层、辐射带和环电流区域，磁尾中性片、尾瓣和磁层顶等不同的区域。即使在相同高度上，不同地方时上的地磁场和带电粒子的属性也可能不同。

单颗卫星在空间测量的物理量数据既包含着时间变化，同时也包含着空间变化。本章将介绍如何从空间探测数据的空间变化（即背景值）中提取时间变化信号或波动特征。数据滤波和波谱分析是空间探测数据工程处理或科学应用分析中常用的数据分析手段。

在数据滤波处理过程中常用的几个物理量的定义为[24]：

◇ **采样时刻**：就是探测仪器生成每个数据点对应的时刻 T_i。T_i 可以是测量生成数据 X_i 时间段的起始、中间或结束时刻。

◇ **采样周期**（Sampleduration）：仪器测量生成数 X_i 的周期，即数据的时间精度（Δt），它等于两个测量数据点之间的时间间隔（$\Delta t = T_{i+1} - T_i$）

◇ **采样频率**：$f_s = 1/\Delta t$，即单位时间的采样次数。

◇ **奈奎斯特频率**（Nyquist frequency）：$f_N = f_s/2 = 1/(2\Delta t)$。奈奎斯特频率是信号（时间系列数据）滤波频率上限，超过这个频率就会产生信号冗余。

5.1　数据重采样

在对空间探测数据进行工程处理或科学应用分析时，经常会同时用到不同卫星的探测数据或相同卫星但不同探测仪器的科学数据。不同卫星或不同探测仪器测量的数据时间精度（Δt）通常是不一样的。将不同时间精度的数据可以直接画图比较，但是如果要用不同时间精度的数据来计算第三个物理量或者分析它们的相关性时（譬如画观测数据 X 对 Y 的散点图），这就要求所用数据时间是同步的，即具有相同的采样时间和数据个数。在此种情况下，需要采用线性插值或时间窗口平均的方法科学地改变一个探测数据的时间精度，使它的数据采样时间严格地和另外一个探测仪器数据的时间同步，这就是数据重采样[24]。

5.1.1　线性插值法

当初始数据的时间精度低于期望的时间精度时，可以线性地插入数据以匹配两个最接近的时间标签，从而增加数据点。例如，要在 T_i 和 T_{i+1} 时刻之间的 t_j 时刻上插入数据 X_j，其步骤为[24]：

① 确定插值位置对应的目标时间标签

$$T_i \leqslant t_j \leqslant T_{i+1} \tag{5.1}$$

② 计算插值时刻对应的数据

$$X_j = X_i + (t_j - T_i)\frac{X_{i+1} - X_i}{T_{i+1} - T_i} \tag{5.2}$$

5.1.2 时间窗口平均法

当探测数据(X_i)的时间精度高于期望值(X_j)时,可以将高精度数据 X_i 进行时间分段平均法来降低时间精度,从而与低精度数据相匹配[24]。

$$X_j = \frac{\sum_{i=1}^{n} X_i}{n} \tag{5.3}$$

$$t_j = t_1, t_{n/2} \text{或} t_n \tag{5.4}$$

5.2 数据平滑处理

在短时间段内,如果卫星并没有穿越空间等离子体密度或电磁场强度陡峭变化的区域(譬如等离子体层顶或磁层顶等),那么可以计算卫星测量数据的时间滑动平均值来近似地作为所测物理量的空间变化量或背景值。滑动平均方法也可以用来平滑仪器原始测量数据中毛刺点。

在实际处理数据过程中,可采用 IDL 编译器的 smooth 函数计算数据的时间滑动平均值。smooth 函数的返回值 Result 是一个与输入数组 array 具有相同维度和相同数据个数的平滑数组。

◇ **语法格式**

```
result = smooth(array,width{,/edge_truncate,missing = value,/nan})
```

表 5.1 smooth 函数输入参数和关键字

输入参数或关键字	功 能
array	待平滑数据组成的数组
width	用户指定的平滑数据个数(或步长)。对一维输入数组,它是一个标量值;对于多维输入数组,它是一个包含每维平滑窗口宽度的数组。width 取 0 或 1 时,不进行平滑处理,所得数组和原来的一样
/edge_truncate	对所有数据点进行平滑处理,起始点或终点的数据将以该点为中心自动添加最接近的数据来参加平均;如果不设置关键字,平滑函数将自动拷贝其输入数组的起点和终点值作为平滑后的数组的起点和终点值
missing=value	返回不合法的数据元素的值。它和 NAN 关键字一同使用,缺省时自动输出 NAN
/NAN	设置这个关键字时,程序将自动监测输入数据中的 NAN(无效数字或计算中出现 0/0、0 * ∞、或∞/ ∞时程序输出 NAN)或 Infinity(无穷大值) 。如果输入数据中包含 NAN 时,不设置/NAN 将不能调用 smooth 函数

5.3 数据滤波方法

在日地空间乃至整个宇宙空间中,存在着不同频率的电磁波或静电波动。不同的电磁波动会反过来影响等离子体电子或离子的状态。因此,在分析空间环境扰动或地震诱发的电磁波动时,需要从原始的测量数据中提取相应频段的波动信息。常用的滤波方法有滑动平均滤波和带通滤波。

5.3.1 滑动平均滤波

由于 smooth 函数的返回值与原始探测数据具有相同的维度和相同的数据个数,因而可以采用原始测量数据减去 smooth 函数的平滑值来提取波动信号。这种方法将 smooth 函数返回值近似作为物理量的空间分布背景值,可以用来对卫星在短时间段内测量的数据进行滤波处理。

◇ **语法格式**

```
smooth_data = smooth(original_data[0:n - 1],width,/nan)
wave = fltarr(n)
for i = 0,n - 1 do begin
   wave(i) = original_data[i] - smooth_data[i]
endfor
```

这里,原始测量数据 original_data 的时间精度为 Δt。当用滑动平均数据作为滤波背景值时,数据平均个数 $width$ 的取值需要满足下列条件:

$$width \geqslant \frac{T_{\max}}{\Delta t} \tag{5.5}$$

其中,$T_{\max}$是波动的最大周期。在实际滤波处理中,可以设置 $width \geqslant 1.5\frac{T_{\max}}{\Delta t}$。滑动平均滤波的优点是可以得到探测数据的背景值和周期小于滑动平均时间段($t=width\times\Delta t$)的所有高频波动。缺点是滑动平均滤波结果包含所有频率大于 $1/t$ 的波动,不能剔除高频信号,并不能实现指定滤波频宽的带通滤波。

例如,下列代码对 1 分钟精度的太阳风动压进行滑动平均。$width=4$,即每 4 分钟数据做个平均。相关的原始数据、平滑数据和波形由图 5.1 给出。

```
; ==================================================================================
Pro smooth_and_digital_filterings
  file = ('D:\Space data\OMNI_HRO_1MIN_2225.txt')
  openr,lun,file,/get_lun
  omni = dblarr(16,1439)
  readf,lun,omni
  free_lun,lun

  s = dblarr(1439)
  t = dblarr(1439)
  zeros = intarr(1439)
  for i = 0,1438 do begin
    s(i) = omni[3,i] * 3600.0 + omni[4,i] * 60.0 + omni[5,i]
```

```
  t(i) = s[i]/3600.0
endfor
time = t[359:449]
dt = s[1] - s[0] ;time resolution or samping duriation 60s
print,dt

;background interms n = 4 * dt = 240s
smooth_data = smooth(omni[12, * ],4,/nan)
smooth_data1 = smooth_data[359:449]
;------------------------------------------------------------------------------------------
;filtering_with_smooth_function
original_data = omni[12,359:449]
wave = fltarr(91)
for i = 0,90 do begin
  wave(i) = original_data[i] - smooth_data1[i]
endfor
;------------------------------------------------------------------------------------------
;digital_filtering_in_Pc4_Pc5_bands
;Sampling period dt in seconds
f_Nyquist = 1.0/(2.0 * dt) * 1000 ;mHz
Pc4_Pc5_coeff = digital_filter(2.0/f_Nyquist,22.0/f_Nyquist,50,5)
help,Pc4_Pc5_coeff[ * ]

Pdyn_wave = wave[ * ]
Pc4_Pc5_Pdyn = convol(Pdyn_wave[ * ],Pc4_Pc5_coeff[ * ],1)
;------------------------------------------------------------------------------------------
;plotting_data
p = plot(time[ * ],omni[12,359:449],dimensions = [900,600], $
  position = [0.12,0.56,0.95,0.98],color = 'black', $
  xstyle = 1,xrange = [6.0,7.5],xmajor = 7,xminor = 5,xtickformat = '(a1)', $
  ytitle = '!8P!X!Dd!n (nPa)',xticklen = 0.05,yticklen = 0.04)
p1 = plot(time[ * ],smooth_data[359:449],color = 'b',/overplot)
t1 = text(0.15,0.9,'(a)',target = p1,color = 'k',font_size = 15)

p2 = plot(time[ * ],wave[ * ],dimensions = [900,600], $
  position = [0.12,0.11,0.95,0.52],color = 'black', $
  xstyle = 1,xrange = [6.0,7.5],xtitle = '世界时',xmajor = 7,xminor = 5, $
  xtickname = ['06:00','06:15','06:30','06:45','07:00','07:15','07:30'], $
  ytitle = '$ \delta !8P!X!Dd!n (nPa) $',xticklen = 0.05,yticklen = 0.04,/current)
p3 = plot(time[ * ],Pc4_Pc5_Pdyn[ * ],color = 'r',/overplot)
t2 = text(0.15,0.47,'(b)',target = p2,color = 'k',font_size = 15)
;t3 = text(0.07,0.2,'$ \delta P!Dd!n (nPa) $',color = 'k',font_size = 13,orientation = 90,target
= p2)
p.save,'D:\smooth_and_digital_filterings.png',border = 20
end
;==========================================================================================
```

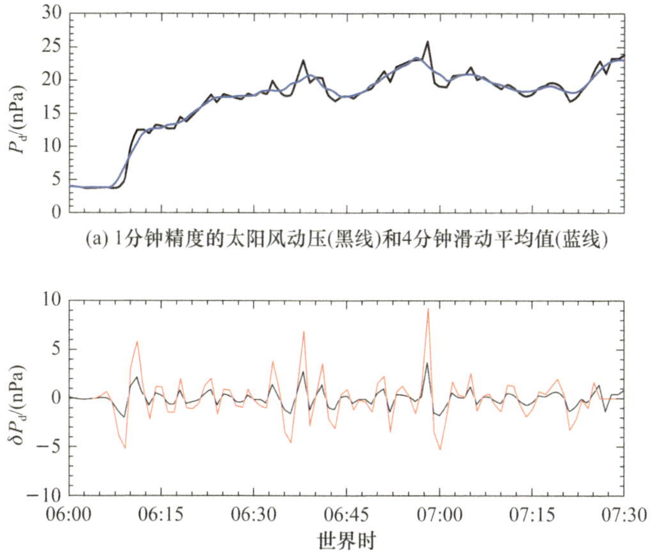

(a) 1分钟精度的太阳风动压(黑线)和4分钟滑动平均值(蓝线)

(b) 滑动平均滤波数据(黑线)和带通滤波数据(红线)

图 5.1　在 2005 年 8 月 24 日 06:00—07:30 期间，
地球磁层顶附近的(1AU)的太阳风动压力和波动情况

5.3.2　带通和带阻滤波

在进行空间探测数据处理和科学分析时，并不是所有频率的波动都是有意义的，因而需要对感兴趣的频段进行带通滤波或带阻滤波。带通滤波或带阻滤波分两步：

① 采用 digital_filter 函数计算时间离散数据的高通(Highpass)、低通(lowpass)、带通(bandpass)和带阻 bandstop 滤波系数。

◇ 语法格式

```
coeff = digital_filter(f_l/f_N, f_h/f_N, A, Nterms [, /double 或 double = 0])
```

② 用 convol 函数计算原始数据和滤波系数的卷积获得波形数据。

◇ 语法格式

```
wave = convol(original_data [ * ],coeff)
```

digital_filter 函数的输入参数和关键字由表 5.2 给出，该函数的返回值 coeff 是 (2 × Nterms + 1) 个元素的滤波系数数组。

表 5.2　digital_filter 函数输入参数和关键字

输入参数或关键字	功　能
original_data	原始测量数据或频带宽于带通滤波频段的波动数据，其采样周期(数据时间精度)为 Δt
f_N	奈奎斯特频率(Nyquist frequency)，并且 $f_N = f_s/2 = 1/(2\Delta t)$

续表 5.2

输入参数或关键字	功　能
f_l	滤波的最低频率，其范围为 $0-f_h$
f_h	滤波的最高频率，其范围为 f_l-f_N
A	滤波功率相对于 Gibbs 现象的摆动（单位为分贝）。$A=50$ 是最佳选择
Nterms	用来滤波的项数，Nterms=*width*（smooth 函数的参数）
/double 或 double=0	设置函数返回值为双精度或单精度数值

通过设置 digital_filter 函数的输入参数 f_l 和 f_h 数值，可以实现低通（Low - band pass）、高通（High - band pass）、带通（Band pass）和带阻（Band stop）滤波。不同频带的滤波方法和参数取值范围分别由图 5.2 和表 5.3 给出。

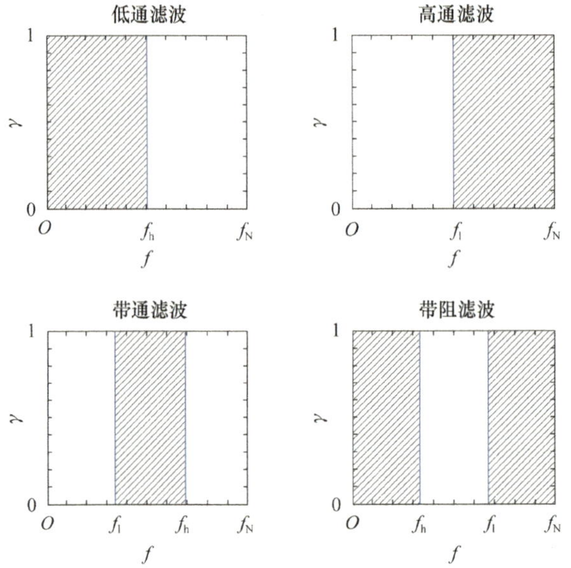

图 5.2　不同带宽滤波示意图，阴影区表示通过滤波函数得到的频带

表 5.3　不同频段滤波参数的设置

参数范围	$f_l=0$，$f_h=f_N$	$f_l=0$，$0<f_h<f_N$	$0<f_l<f_N$，$f_h=f_N$	$0<f_l<f_h<f_N$	$0<f_h<f_l<f_N$
滤波功能	无滤波	低通滤波	高通滤波	带通滤波	带阻滤波

带通和带阻滤波的例程和运行结果由 5.3.1 节给出。上图 5.1 中的红线就是 Pc4～Pc5 频段的带通滤波结果。由于滤波的原始数据中并没有包含高频波动，所以带通滤波（红线）和滑动平均滤波（黑线）的波形和周期都是非常相似的。与滑动平均率滤波波形相比，带通滤波能够较好捕获波动振幅。带通滤波的缺点是不好调节参数 Nterms 的大小，而且容易丢失数据开始阶段和结束阶段的 Nterms 个数据点的波动信号。通常的解决办法就是把需要滤波的数据时间向前和向后多取 2Nterms 个数据点，带通滤波后只画有效波动数据即可。解决办法：把需要滤波的数据时间向前和向后分别延申 2Nterms 个时刻，即多取 4Nterms 个数据点，在带通滤波后只画有效波动数据即可。

5.4　傅里叶变换

通过滤波获得的波形数据是随着时间变化的周期性或准周期性信号。除了可以粗略地估计波的幅度之外，我们无法准确地知道波动的频谱特征。然而，空间电磁波的频谱特征对分析波的激发机制和模拟波粒相互作用过程十分重要。在模拟波粒共振相互作用就需要给定波功率谱密度随频率的分布模型[7]。因此，在波动信号处理和分析过程中，需要将空间探测数据从时间域转化到频率域，并给出波的频谱分布。常用的频谱分析方法有两种：傅里叶(Fourier)变换和小波(Wavelet)变换。

傅里叶变换是法国数学家傅里叶(J. Fourier，1768～1830 年)提出的，他在研究热传导理论时发表了"热分析理论"，提出并证明了一个周期($T=\frac{2\pi}{\omega}=\frac{1}{f}$)信号可展开成正交函数线性组合的无穷级数(正弦和余弦函数之和)，称作傅里叶变换。对于有限时间段内的分段连续信号 $u(t)$，其傅里叶展开级数为：

$$u(t)=\sum_{n=-\infty}^{\infty}\tilde{u}[n][\cos(2\pi f_n t)+i\sin(2\pi f_n t)]=\sum_{n=-\infty}^{\infty}\tilde{u}[n]\exp(i2\pi f_n t)\tag{5.6}$$

这里，频率 $f_n=\frac{n}{T}$。复数傅里叶系数(也称为傅里叶振幅)为[25]：

$$\tilde{u}[n]=\int_{t_0}^{t_0+T}u(t)\exp(2\pi i f_n t)\mathrm{d}t\tag{5.7}$$

利用傅里叶变换可以把信号从时间域 $u(t)$转换到频率域(f_n)。

地球和空间探测数据是由仪器生成的时间采样值而不是连续性数据，可以用离散的 N 个测量值来代替上面的连续函数 $u(t)$，即

$$u[j]=u(t_j)=u(t_0+j\Delta t)\tag{5.8}$$

这里，$f_n=\frac{n}{T}=\frac{n}{N\Delta t}=\frac{n}{N}f_s$，$N$ 是测量数据的个数，f_s是采样频率。Δt 是采样周期($\Delta t=1/f_s$)，$j=0,1,2,\cdots,N-1$。利用求和代替积分，且 $\Delta t-\mathrm{d}t$，就可以获得离散傅里叶变换(DFT)[25]：

$$\tilde{u}[n]=\frac{1}{N}\sum_{j=0}^{N-1}u[j]\exp\left(\frac{2\pi inj}{N}\right)\tag{5.9}$$

一个真实信号(譬如电场、磁场等)的功率谱密度为[24]：

$$S_u[n]=\frac{2N}{f_s}|\tilde{u}[n]|^2\tag{5.10}$$

这里，$n=0,1,2,3,\cdots,N/2$。当 $n>N/2$ 时，$f_n>f_N$(奈奎斯特频率 $f_N=f_s/2$)，会产生重复信号。如果测量的时间系列物理量(信号)的单位是 X，则功率谱密度的单位是 X^2/Hz。幅度 $\tilde{u}[n]$ 可以用 IDL 的快速傅里叶变换(fft)函数获得。

◇ **fft 函数的调用格式**

```
result = fft(array[ * ] {,direction, dimension = scalar,/double,/inverse,/overwrite})
```

fft 函数的输入参数和可选关键字由表 5.4 给出。该函数返回一个和输入数组维度相同的复数数组。对于元素数个数为偶数的数组，其返回值对应的频率 f 为 0，$1/(NT)$，$2/(NT)$，…，$(N/2-1)/(NT)$，$1/(2T)$，$-(N/2-1)/(NT)$，…，$-1/(NT)$；对于元素数个数为奇数的数组，其返回值对应的频率 f 为 0，$1/(NT)$，$2/(NT)$，…，$(N/2-0.5)/(NT)$，$-(N/2-0.5)/(NT)$，…，$-1/(NT)$。$T=\Delta t$，即数据的采样周期。

例如，下列代码分别对太阳风动压原始测量数和波动数据进行 FFT 变换，并计算其功率谱密度随频率的分布：

表 5.4　fft 函数输入参数和关键字

输入参数或关键字	功　能
array[*]	输入 fft 函数的原始测量数据或者滤波后的波动数据，即 array[*]$=u(t)$ 或 array[*]$=$wave(t)
direction$=i$	i 是一个标量值，负值向前转换，正值是逆变换
dimension=1,2,3,…,8	不同的值规定了只转化多维数组(最多为 8 维)中的一维数据
/double	双精度计算和输出
/inverse	设置此关键字以执行反向转换(逆变换)，设置这个关键字相当于将 direction 参数设置为正值，即使将 Direction 指定为负，设置 inverse 也会导致反向转换
/overwrite	覆盖以前的值

```
;==========================================================================================
Pro FFT_example
  file = 'D:\Space data\OMNI_HRO_1MIN_2225.txt'
  openr,lun,file,/get_lun
  omni = dblarr(16,1439)
  readf,lun,omni
  free_lun,lun
  s = dblarr(1439)
  t = dblarr(1439)
  zeros = intarr(1439)
  for i = 0,1438 do begin
    s(i) = omni[3,i] * 3600.0 + omni[4,i] * 60.0 + omni[5,i]
    t(i) = s[i]/3600.0
  endfor
  ;-----------------------------------------------------------------------------------------
  ;Smoothing data and Filter
  Pdyn = omni[12, * ]
  smooth_data = smooth(omni[12, * ],5,/NAN)
  help,smooth_data
  smooth_data1 = smooth_data[359:449]
  original_data = omni[12,359:449]
  wave = fltarr(91)
  for i = 0,90 do begin
```

```
  wave(i) = original_data[i] - smooth_data1[i]
endfor
;print,'wave',wave
;---------------------------------------------------------------------------------------------
;Filter Via Digital filter function
dt = 60.0   ;Sampling period in seconds
f_Nyquist = 1.0/(2.0 * dt) * 1000 ;mHz
Pc4_Pc5_coeff = digital_filter(2.0/f_Nyquist,22.0/f_Nyquist,50,5)
help,Pc4_Pc5_coeff[ * ]
Pdyn_wave = wave[ * ]
Pc4_Pc5_Pdyn = convol(Pdyn_wave[ * ],Pc4_Pc5_coeff[ * ],1)
;---------------------------------------------------------------------------------------------
un = abs(FFT(Pdyn[0:89]))
f = dblarr(45)
su = dblarr(45)
ts = 60    ;The sampling time interval
fs = 1.0/ts     ;The sampling frequence is 1/60 = 0.017 Hz
for j = 0,44 do begin
  f(j) = j/90.0 * fs * 1000              ;mHz
  su(j) = 2.0 * 90.0/fs * un[j] * un[j]
endfor
;---------------------------------------------------------------------------------------------
p = plot(f[ * ],su[ * ],dimensions = [700,600],color = 'black', $
  position = [0.2,0.15,0.96,0.96],xticklen = 0.05,ylog = 1, $
  xstyle = 1,xrange = [0.0,f_Nyquist],yticklen = 0.04, $
  xtitle = '!8f!X/mHz',ytitle = '!8S!X!Dp!n /(nPa!U2!n.mHz!U - 1!n)')
p.save,'D:\background power spectrum density.png',border = 20
;---------------------------------------------------------------------------------------------
un1 = abs(FFT(Pc4_Pc5_Pdyn[0:89]))
f = dblarr(45)
su1 = dblarr(45)
ts = 60    ;The sampling time interval
fs = 1.0/ts     ;The sampling frequence is 1/60 = 0.017 Hz
for j = 0,44 do begin
  f(j) = j/90.0 * fs * 1000              ;mHz
  su1(j) = 2.0 * 90.0/fs * un1[j] * un1[j]
endfor
;---------------------------------------------------------------------------------------------
p1 = plot(f[ * ],su1[ * ],dimensions = [700,600],color = 'black', $
  position = [0.25,0.15,0.96,0.96],xticklen = 0.05,ylog = 1, $
  xstyle = 1,xrange = [0.0,f_Nyquist],yticklen = 0.04, $
  xtitle = '!8f!X/mHz',ytitle = '!8S!X!Dp!n /(nPa!U2!n.mHz!U - 1!n)')
p1.save,'D:\Wave power spectrum density.png',border = 20
end
;============================================================================================
```

计算结果显示在图 5.3 和 5.4 中。直接利用尚未滤波的原始数据做傅里叶变换获得的功率谱包含背景场的功率值,因而其功率谱密度从低频率到高频率呈现湍流谱下降的趋势(如图 5.3 所示)。但是,利用经过滤波后的波动数据做傅里叶变换后得到的功率谱密度呈现了类似高斯分布的形状,其功率谱密度峰值位于中间某个频率上。在图 5.4 中的波的峰值频率约 4.3 mHz。

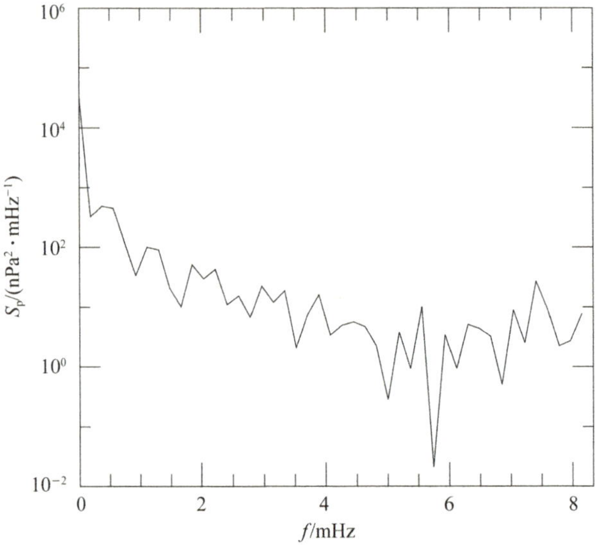

图 5.3 太阳风动压的功率谱密度随频率的变化

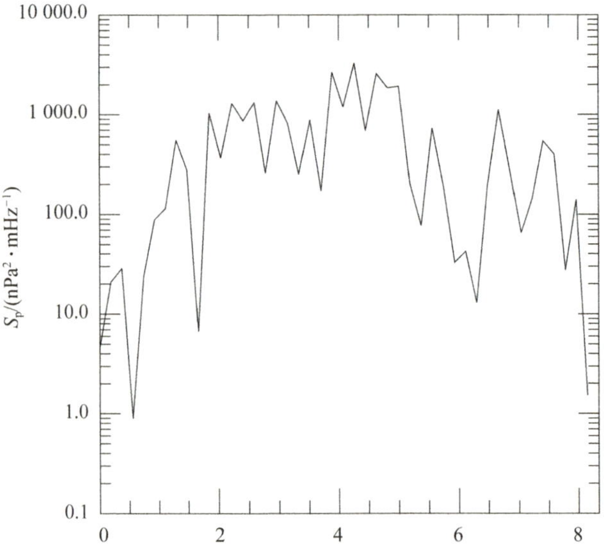

图 5.4 太阳风动压波动的功率谱密度随频率的变化

利用傅里叶变换可以获得波周期(频率)几乎不随时间变化的平稳信号的波动特征。但是,利用傅里叶变换处理非平稳信号时具有很大的局限性。对于周期随时间变化的非平稳信号,傅里叶变换只能给出一段时间内信号总体上包含哪些周期(频率)的波强度信息,但是并不能给出不同周期(频率)的波发生的具体时间。简言之,傅里叶变换结果只有频率分辨率而没有时间分辨率,它并不能反映不同频率的波发生的时间先后顺序。因而,对时域或波形相差很大的两个信号进行傅里叶变换,可能获得相同的频谱图。例如,对图 5.5 左边的三个随时间变化完全不同的波动信号进行快速傅里叶变换(fft),可以得到了四个主频率几乎相同的波功率谱密度分布(如图 5.5 右边的 3 个图所示)。

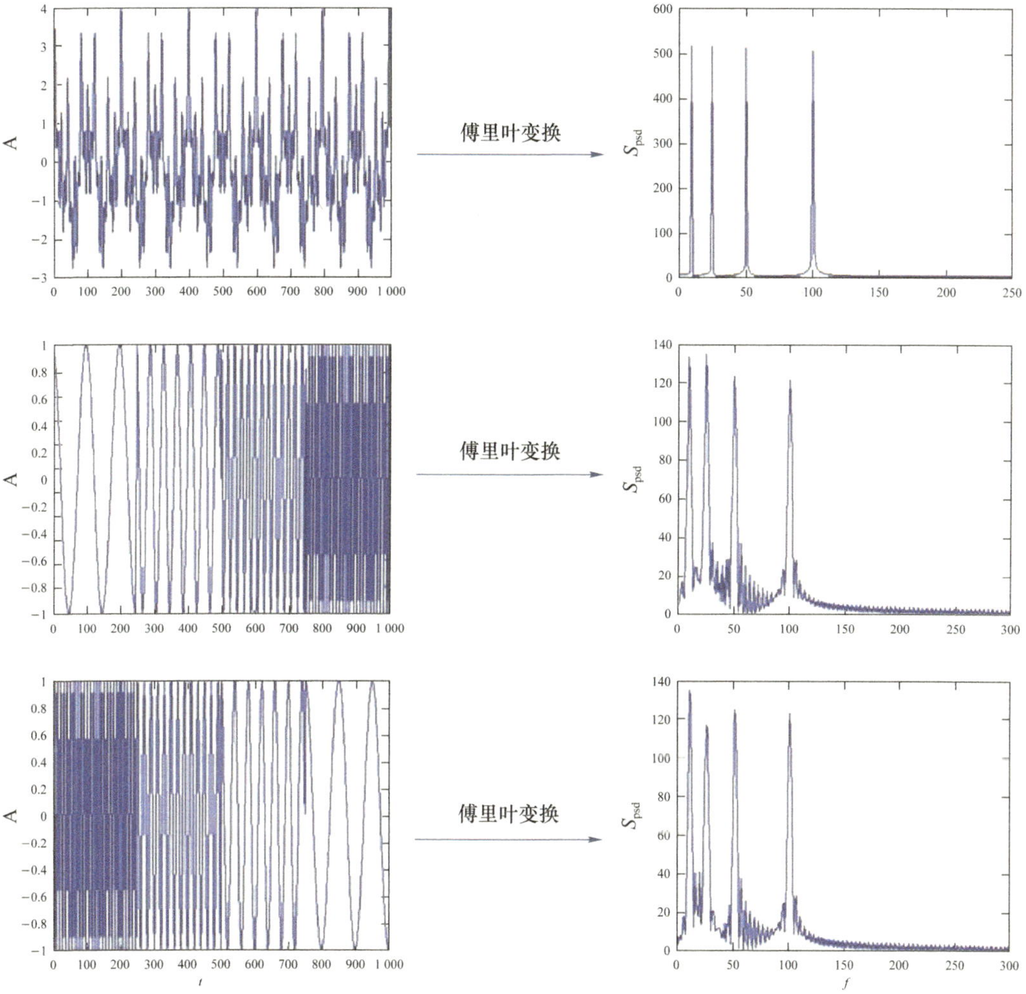

图 5.5　时域上不同的三种波动(左)经过快速傅里叶变换(fft)后得到四个主频率几乎相同的波功率谱密度分布(右)(https://www.zhihu.com/question/22864189/answer/40772083)

为了克服傅里叶变化的缺陷,Dennis Gabor (1946)采用一种短时间傅里叶转换来分析一短段时间内的信号,也叫窗口化一个信号。虽然短时傅里叶变换可以获得信号发生的时间和频率信息,但是相关的信号精度受到窗函数的限制。一旦确定了窗函数,其形状就不再发生改变,短时傅里叶变换的分辨率也就确定了。如果要改变分辨率,则需要重新选择窗函数。短时傅里叶变换用来处理分段平稳信号或者近似平稳信号尚可,但是也不能很好地处理波频率随时间变化较激烈的非平稳信号。

5.5 小波变换

在分析空间电磁波的产生机制和传播过程时，需要知道波的频率和功率谱密度随时间的变化等信息。为了获得不同频率的波动强度随时间变化的动态频谱图，通常采用小波(wavelet)变换方法将时间系列的信号转换到时间和频率域中。小波的“小”是相对于傅里叶变换所用的正弦波而言的。正弦波是持续时间为无限长的波函数(如图 5.6 上部曲线所示)，而小波是一种在有限时间段内快速衰减的波函数(如图 5.6 下部曲线所示)。小波函数通常以开发者的名字命名。例如，Morlet 小波函数是 Morlet 和 Grossmann 开发的。

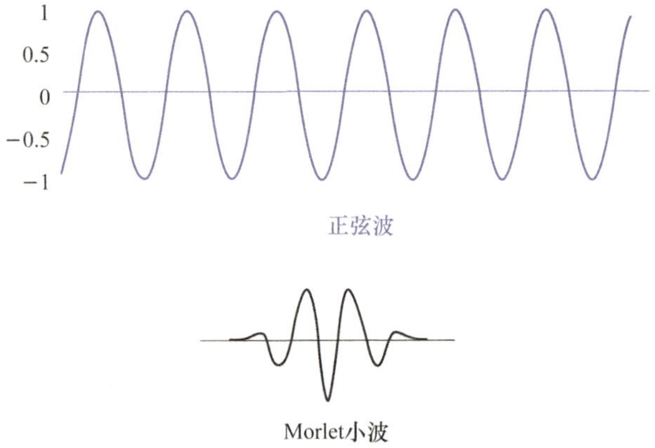

图 5.6　正弦波(上)和 Morlet 小波函数示意图(下)
(https://www.zhihu.com/question/22864189/answer/40772083)

凡是能用傅里叶分析的时间系列数据都可使用小波分析，小波变换基本步骤为：(1)通过缩放母小波的宽度(或称尺度)获得信号的周期(频率)信息；(2)通过平移母小波(mother wavelet)获得信号的时间变化信息。对母小波函数的平移和缩放的目的是计算小波函数和局部信号之间的相似度。

不同时间序列数据(信号)采用不同的小波函数来比对。对于具有波形变化的信号，可以采用 Morlet 小波，其母小波函数的形式为：

$$h(t)=\exp\left(-\frac{t^2}{2}\right)\exp(-i\omega_0 t) \tag{5.11}$$

ω_0 代表在一个波包内的振荡频数。母小波乘上一个伸缩和平移因子后得到其子小波[24]：

$$\begin{aligned} h_{\alpha\tau} &= \frac{1}{\sqrt{a}}\left(\frac{t-\tau}{\alpha}\right)h(t)=h_{f\tau}=\sqrt{f}h(f(t-\tau)) \\ &= \sqrt{f}\exp\left(-\frac{f^2\ (t-\tau)^2}{2}\right)\exp(2\pi i f(t-\tau)) \end{aligned} \tag{5.12}$$

对于时间系列数据 $u(t)$，其小波变化就是 $u(t)$ 和小波函数的内积(卷积)[25]：

$$C(\tau,f) = \int u(t)h_{f\tau}^*(t)\mathrm{d}t \tag{5.13}$$

α 是尺度变化扩展参数，频率 $f=1/\alpha$，τ 是平移参数，$*$ 代表共轭复数。

IDL8.3 编译器为用户提供了小波变化库函数 wv_cwt，其基本语法格式为：

```
result = wv_cwt(array[ * ],family,order{,start_scale = scalar,dscale = scalar,nscale = scalar,
scale = variable,/pad,/double})
```

wv_cwt 函数的输入参数和关键字功能由表 5.5 给出。其返回值 Result 是一个二维的复数数组。若测量数据的时间精度为 dt,可以通过 Variable * =dt 将缩放尺度 Variable 的单位变为时间单位。这样可以获得波的周期(Period)、幅度(Amplitue)和功率(Power)。

```
period = variable    ;其倒数为波的频率
amplitue = abs(result)    ;小波变换所得复数的模
power = amplitude^2 = abs(result)^2 ;小波变换所得复数模的平方
```

表 5.5　wv_cwt 函数输入参数和关键字

输入参数或关键字	功　能
array[*]	输入的长度为 N 的一维的浮点数或复数数组。通常为滤波后的波动数据
family	用来变换的母小波名称字符串,譬如 "Morlet"
order	由 family 给出的小波函数的阶数或参数
start_scale=scalar	将此关键字设置为一个标量值,以给出起始缩放尺度(无量纲)。默认值是 2,它给出的起始比例是 array 元素之间间距的两倍
dscale=scalar	将此关键字设置为一个标量值,给出刻度值之间的间隔(以对数单位)。默认值是 0.25,即在每个主刻度中有四个小刻度
nscale=scalar	将该关键字设置为一个标量值,给出用于小波变换的缩放值的总数。默认值是[log2(N/start_scale]/ dscale +1
scale=variable	将该关键字设置为一个指定变量,用于存放连续小波变换的缩放尺度。scale 的取值范围从 start_scale 到 start_scale • 2^[(nscale −1) dscale]
/pad	将此关键字设置为在计算转换之前强制 array 填充 0
/double	双精度计算和输出

除了直接调用 wv_cwt 库函数外,用户也可以通过以下网址(https://paos.colorado.edu/research/wavelets/)下载 wavelet 函数,并将 wavelet 函数拷贝到已经装好的 IDL8.3 文件夹里的 lib 中,使其变成库函数。用户重新打开 IDL 编译器即可直接调用 wavelet 函数。

◇ **调用格式**

```
result = wavelet(wave[ * ],dt,pad = 2,period = period,coi = coi,signif = signif,/verb,j = j)
```

Wavelet 函数的输入数组 wave[*]和返回结果跟 wv_cwt 函数的相同。dt 为探测数据的时间精度。period 为波的周期。其他关键字可以照抄。波的幅度和功率计算与 wv_cwt 函数的一样。

例如,下列代码将滤波数据(滑动平均滤波结果 wave[*]或带通滤波结果 Pc4_Pc5_Pdyn[*])进行小波变换,并画波动功率($S_p=A^2$,A 为波的幅度)随世界时和波周期(T)的变化。

```
;=====================================================================================
Pro Wavelet_transform_and_plotting_with_contour_function
  file='D:\Space data\OMNI_HRO_1MIN_2225.txt'
    openr,lun,file,/get_lun
    omni=dblarr(16,1439)
    readf,lun,omni
    free_lun,lun
  s=dblarr(1439)
  t=dblarr(1439)
  zeros=intarr(1439)
  for i=0,1438 do begin
        s(i)=omni[3,i]*3600.0+omni[4,i]*60.0+omni[5,i]
        t(i)=s[i]/3600.0
  endfor
  ;-----------------------------------------------------------------------------------
  ;Smoothing data and Filter
  Pdyn=omni[12,*]
  smooth_data=smooth(omni[12,*],5,/NAN)
  help,smooth_data
  smooth_data1=smooth_data[359:449]
  original_data=omni[12,359:449]
  wave=fltarr(91)
  for i=0,90 do begin
    wave(i)=original_data[i]-smooth_data1[i]
  endfor
  ;print,'wave',wave
  ;-----------------------------------------------------------------------------------
  ;Filter Via Digital filter function
  dt=60.0   ;Sampling period in seconds
  f_Nyquist=1.0/(2.0*dt)*1000 ;mHz
  Pc4_Pc5_coeff=digital_filter(2.0/f_Nyquist,22.0/f_Nyquist,50,5)
  help,Pc4_Pc5_coeff[*]
  Pdyn_wave=wave[*]
  Pc4_Pc5_Pdyn=convol(Pdyn_wave[*],Pc4_Pc5_coeff[*],1)
  ;-----------------------------------------------------------------------------------
  ; The WAVELET transform of fluctulations of solar wind dynamic pressure
  time=t[359:449]
  dt=60.0
  ;print,'dt',dt
  ;-----------------------------------------------------------------------------------
  ;;Wavelet_transform_with_wv_cwt_function
  ; wave=wv_cwt(wave[*],'Morlet',8, /PAD, scale=scales)
  ;;Convert scales to time units.
  ;scales*=dt
  ; period=scales
```

```
;power = abs(wave)^2
;-------------------------------------------------------------------------------
;Wavelet_transform_with_wavelet_function
ww = wavelet(wave[ * ],dt,pad = 2,period = period,coi = coi,signif = signif,/verb,j = j)
;ww = WAVELET(Pc4_Pc5_Pdyn[ * ],dt,pad = 2,period = period,coi = coi,signif = signif,/verb,j = j)
help,ww
print,ww[0,0:1]
;print,period
power = abs(ww)^2
help,power
f0 = 1.0/period * 1000   ;mHz
f_Nyquist = 1.0/(2.0 * dt) * 1000 ;mHz
print,'f_Nyquist',f_Nyquist
;-------------------------------------------------------------------------------
p = contour(power[ * , * ],time[ * ],period[ * ],dimensions = [1000,400], $
  position = [0.1,0.15,0.88,0.96],xstyle = 1,xrange = [6.0,7.5], $
  ystyle = 1,yrange = [100.0,600.0],ytitle = '周期 (s)', $
  zstyle = 1,zrange = [min(power[ * , * ]),max(power[ * , * ])],xtitle = '世界时', $
  xtickname = ['06:00','06:12','06:24','06:36','06:48','07:00','07:12','07:24'], $
  font_size = 11,RGB_table = 62,axis_style = 1,/fill)
; c = colorbar(target = p,orientation = 1,position = [0.9,0.15,0.92,0.96], $
;tickname = ['0.5','','1.5','','2.5','','3.5','', '4.5','','5.5','','6.5'], $
;textpos = 1,/border,title = 'nPa!U2!n')
c = colorbar(target = p,orientation = 1,position = [0.89,0.15,0.91,0.96], $
  ;tickname = ['0.5','','1.5','','2.5','','3.5','','4.5','','5.5','','6.5'], $
  textpos = 1,font_size = 11,/border,title = '!8S!X!Dp!n (nPa!U2!n)')
p.save,'D:\Wavelet_transform_power.png',boader = 20
end
; ==============================================================================
```

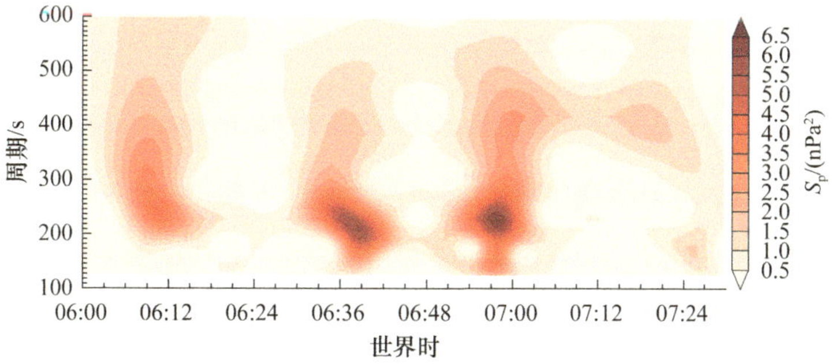

图 5.7　对波动数据进行小波变换获得的动态功率谱

图 5.7 清楚地展示了不同时刻不同频率的波强弱变化情况。在相同的时刻，有的频率波动较强，有的较弱。不同强度的太阳风动压力波动可以造成地球空间环境的不同强度的扰动。它们是随着时间变化的。

习　题

1. 现有 5 分钟时间精度的太阳风等离子密度和动压力数据。请问用什么方法可以合理地将它变成 1 分钟时间精度的数据？

2. 常用的滤波方法有哪几种？简述每种方法的优势和不足。

3. 在对空间探测数据进行带通滤波时，如何避免滤波时间段前后丢失掉 Nterms 个波动数据？

4. 利用 IDL 程序将实验数据库中 TC1_20050824_Magnetic Field 文件中 GSE 坐标系中的磁场三分量（B_{X_gse}、B_{Y_gse}和 B_{Z_gse}）在 6 点到 7 点半时间段的平滑值和两种方法所得到的滤波值。要求获得频率高于 2mHz 的高频波和频率在 2～22mHz 的带通滤波数据。要求：

① 给出数据处理程序；

② 所有数据画在同一张图上，并将两种滤波数据画在一起对比。

5. 利用 IDL 程序求 OMNI_HRO_1MIN_35744 文件中磁场大小 B 滤波后的傅里叶变换功率谱密度（PSD）随频率的变化，并用小波变换求出 GSE 坐标系中磁场三分量在相同时间段的功率谱随着周期和时间的变化。输入 FFT 和 WAVELET 函数的输入数据是 2～8mHz 的带通滤波数据。要求：

① 给出数据处理程序；

② 给出磁场大小 B 的傅里叶变换功率谱密度（PSD）随频率的变化图。

③ 给出 GSE 坐标系中磁场三分量的功率谱随着周期和时间的变化。

第6章　电磁波传播和间断面分析方法

前一章主要介绍利用不同滤波方法从空间探测的电场、磁场或等离子体数据中提取波动信息，以及利用傅里叶变换或小波变换提取波的周期(频率)、幅度或功率等参数。但是，在进一步分析空间电磁波的产生机制和动力学效应时，还需要知道波的传播方向、平面度和极化性质等。除了电磁波之外，空间中还存在着一些等离子体密度或电场磁场突然跳变的分界面，譬如，地球磁层顶或磁尾电流片等间断面。分析间断面法向或横波传播方向的一种常用方法就是最小变量分析法。

6.1　最小变量分析法及应用

6.1.1　最小变量分析法(MVA)

最小变量分析法(简称 MVA)可以用来估计电流片、波前(波阵面)或其他过渡层的法向方向[25]。例如，向阳面地球磁层顶是地球磁场(方向由南只想北)和太阳风磁鞘磁场的分界面(如图 4.18 所示)。沿着磁层顶的法向，地球磁场的变化是最小的。地球磁尾南北半球磁场的方向也是相反的，从而在等离子体片中心形成一个磁场几乎为零的电流片区域，该电流片边界的法向磁场变化也是最小的。此外，电磁波是横波，波电场和波磁场的扰动垂直于波的传播方向(波矢)，沿着波传播方向电磁场扰动最小。

假定电流片的法向或波的传播方向为 $\hat{n}$，则电场 E^j 或磁场 $B^j(j=1,2,3,\cdots,N)$ 沿着 $\hat{n}$ 的方向的变化是最小的，即电场或磁场的方差最小[24]：

$$\sigma^2 = \frac{1}{N}\sum_{i=0}^{N} \left|(B^j - \langle B\rangle)\cdot \hat{n}\right|^2 \tag{6.1}$$

采用拉格朗日算子来强行使 $|\hat{n}|=1$，从而得到三个线性方程组：

$$\frac{\partial}{\partial n_x}(\sigma^2-\lambda(|\hat{n}|^2-1))=0 \tag{6.2}$$

$$\frac{\partial}{\partial n_y}(\sigma^2-\lambda(|\hat{n}|^2-1))=0 \tag{6.3}$$

$$\frac{\partial}{\partial n_z}(\sigma^2-\lambda(|\hat{n}|^2-1))=0 \tag{6.4}$$

在笛卡尔坐标系中(譬如 GSE、GSM 等)，根据每个时刻 j 测得的磁场数据 B^j 就可以算出 σ^2。其法向 $\hat{n}=(n_x,n_y,n_z)$，x，y 和 z 是在笛卡尔坐标系中的三个方向。将上面的微分方程组写成矩阵形式为[24]：

$$\sum_{v=1}^{3} M_{u,v}^{B} n_v = \lambda n_u \tag{6.5}$$

$u,v=1,2,3$ 分别代表 x，y 和 z 坐标分量，这样得到磁方差矩阵[24]：

$$M_{u,v}^{B}=\langle B_u B_v\rangle-\langle B_u\rangle\langle B_v\rangle \tag{6.6}$$

$M_{\mu\nu}^{B}$三个特征值为λ_1,λ_2,λ_3(大小递减的顺序),它们对应着三个特征向量 x_1,x_2,x_3。这三个特征向量分别代表磁场的最大、中间和最小变化方向。

6.1.2 MVA 应用实例

使用最小变量分析法的计算结果跟所选数据的时间段长短有直关系。由于所分析的间断面或波阵面等过渡层的空间范围很小,所以通常 MVA 计算数据的时间段不宜过长。使用 MVA 分析时应注意以下几点:

(1) 合理的 MVA 分析必须满足$\frac{\lambda_1}{\lambda_2}\geqslant 1.5$且$\frac{\lambda_2}{\lambda_3}\geqslant 1.5$的条件[25]。这些比率和计算数据的时间段长短有关,改变数据时间段的范围将显著地改变这些比率。选择的时间段越短,计算结果越可靠。

(2) 三个特征值表示磁场/电场在三个方向上的实际变化大小,因此总是正的。

(3) 每一个特征矢量有两个可能的方向,即 x_i 或 $-x_i$($i=1,2,3$)。确定真实的方向需要多颗卫星联合观测或根据间断面的空间位置来确定。

(4) 每一个特征矢量所在坐标系跟原始探测数据的坐标系相同。

下面的 IDL 子过程可以用来计算一个矢量的最大、中间和最小变化方向,以及三个特征矢量对应的特征值大小。调用之前需将该子程序代码拷贝到安装好的 IDL8.3 文件夹里的 lib 库中,使它变成 IDL 编译器的库函数,然后直接调用该过程即可。

```
; ===========================================================================
pro Minmum_Variable_Analysis,D,n,lambda,A
  n = n_elements(D[0, * ]) ;The rows of multi - dimension - array
  ;  averaging each column to get mean
  AveB = dblarr(3,1)
  for i = 0,2 do AveB(i) = MEAN(D[i, * ])
  print,'AveB ='
  print,AveB
  ;---------------------------------------------------------------------------
  ;  calculate the mean adjusted matrix B
  B = dblarr(3,n)
  ;---------------------------------------------------------------------------
  ;method one
  ;for i = 0,n - 1 do begin
  ;B(0,i) = D[0,i]- AveB[0]
  ;B(1,i) = D[1,i]- AveB[1]
  ;B(2,i) = D[2,i]- AveB[2]
  ;endfor
  ;---------------------------------------------------------------------------
  ;method two
  for i = 0,2 do B(i, * )  =  D[i, * ]  -  AveB[i]
  ;print,'B ='
  ;print,B
```

```
;---------------------------------------------------------------------------------------
;  calculate the covariance matrix,
;  note the ## operator for matrix multiplication in IDL
  Q = TRANSPOSE(B)##B/n
;print,'Q = '
;print,Q
;  eigenvalues and eigenvectors
lambda = EIGENQL(Q,EIGENVECTORS = A)
print,'lambda = '
print,lambda
print,'A = '
print,A
;---------------------------------------------------------------------------------------
; Note: the maxmum, the mid and minmum variation directions of a real physical vector is -A.
  maxm = -A[*,0]
  mid = -A[*,1]
  minm = -A[*,2]
end
;=======================================================================================
```

◇ MVA 过程调用格式

```
Minmum_Variable_Analysis, D, n, lamda, A
```

◇ 输入参数

D 是随时时间变化的矢量，$D[*,*]=[B_x[*],B_y[*],B_z[*]]$ 或 $[E_x[*],E_y[*],E_z[*]]$。

◇ 输出参数

n：是矢量 **D** 的每一分量的数组元素个数，例如 $n=$elements$(D[0,*])$。

Lamda：最大、中间和最小变化矢量的本征值$[\lambda_1,\lambda_2,\lambda_3]$。

A：最大、中间和最小变化方向，

```
Maximum_variance_direction = -A[*,0];
Intermediate_variance_direction = -A[*,1];
Minimum_variance_direction = -A[*,2].
```

例如，通过 MVA 方法将 GSM 坐标系中的磁场矢量转换到场向坐标系或边界法向(LMN)坐标系中，并验证计算结果是否满足最小量分析法的要求。IDL 代码为：

```
;=======================================================================================
Pro Calling_MVA_process
  file = 'D:\Space data\tc15824bgse.TXT'
  openr,lun,file,/get_lun
  tc1bdat = dblarr(13,19494)
```

```
readf,lun,tc1bdat
free_lun,lun
;-------------------------------------------------------------------------------------------
bxgse = tc1bdat[8, * ]
bygse = tc1bdat[9, * ]
bzgse = tc1bdat[10, * ]
h = tc1bdat[3, * ]/(3600.0 * 1000)
for j = 1,19493 do begin
  if (bxgse[j] le - 300) then begin
    bxgse(j) = bxgse[j - 1]
  endif
  if (bygse[j] le - 300) then begin
    bygse(j) = bygse[j - 1]
  endif
  if (bzgse[j] le - 300) then begin
    bzgse(j) = bzgse[j - 1]
  endif
endfor
;-------------------------------------------------------------------------------------------
gbgsm = dblarr(3,19494)
b = dblarr(19494)
for i = 0,19493 do begin
  geopack_recalc,2005,236,tc1bdat[0,i],tc1bdat[1,i],tc1bdat[2,i]
  geopack_conv_coord,bxgse[i],bygse[i],bzgse[i], $
    bxgsm,bygsm,bzgsm,/from_gse,/to_gsm
  b(i) = sqrt(bxgse[i]^2 + bygse[i]^2 + bzgse[i]^2)
  gbgsm(0,i) = bxgsm
  gbgsm(1,i) = bygsm
  gbgsm(2,i) = bzgsm
endfor
b = b[5375:6714]
bx = gbgsm[0,5375:6714]
by = gbgsm[1,5375:6714]
bz = gbgsm[2,5375:6714]
;-------------------------------------------------------------------------------------------
; Calling MVA process
D = gbgsm[ * ,5375:6714]
Minmum_Variable_Analysis,D,n,lamda,A
maxm = - A[ * ,0]
inte = - A[ * ,1]
minm = - A[ * ,2]
print,'max/int',lamda[0]/lamda[1]
print,'int/min',lamda[1]/lamda[2]
;-------------------------------------------------------------------------------------------
bm = dblarr(n)
```

```
  bl = dblarr(n)
  bn = dblarr(n)
  for i = 0L,n - 1L do begin
    bl(i) = dot_multiply(D[ * ,i],maxm)
    bm(i) = dot_multiply(D[ * ,i],inte)
    bn(i) = dot_multiply(D[ * ,i],minm)
  endfor
  ;-------------------------------------------------------------------------------------
  p1 = plot(bm[ * ],bl[ * ],dimensions = [900,600], $
    position = [0.12,0.12,0.45,0.98],thick = 1.0,color = 'black', $
    xstyle = 1,xrange = [0.0,60.0],ystyle = 1,yrange = [40.0,160.0], $
    xtitle = '!8B!X!DM!n (nT)',ytitle = '!8B!X!DL!n (nT)')
  t1 = text(0.35,0.89,'(a)',target = p1,color = 'k',font_size = 15)
  p2 = plot(bn[ * ],bm[ * ],dimensions = [900,600], $
    position = [0.61,0.12,0.96,0.98],thick = 1.0,color = 'black', $
    xstyle = 1,xrange = [0.0,60.0],ystyle = 1,yrange = [0.0,60.0], $
    xtitle = '!8B!X!DN!n (nT)',ytitle = '!8B!X!DM!n (nT)',/current)
  t2 = text(0.63,0.89,'(b)',target = p2,color = 'k',font_size = 15)
  p1.save,'D:\MVA_test.png',boarder = 20
end
; ==================================================================================
```

代码执行结果为：

```
AveB = 99.839766         59.315192        - 14.418931
lambda  =  966.64385         80.799496         10.775498
A  =
      - 0.89285240      - 0.30085897       0.33510964
      - 0.41189869        0.24469493     - 0.87776071
        0.18208256      - 0.92174198     - 0.34239987
max/int        11.963489
int/min        7.4984465
```

最大变化本征值(max)和中间变化本征值(int)的比值为 11.963，中间变化本征值(int)和最小变化本征值(min)的比值为 7.498。它们都大于 1.5，说明 MVA 结果合理。除了看任意两个本征值的比值是否大于 1.5 之外，也可以画任意两个本征值的柱状体来直观地判断 MVA 结果是否合理。如图 6.1 所示，沿场线方向的磁场(B_L)的变化比 B_M的大，B_M比沿法线方向的变化(B_N)大，说明计算结果是可靠的。

虽然 MVA 方法可以用来分析电磁波等横波的传播方向。但是，单凭一颗卫星观测数据的 MVA 结果并不能准确地判断电磁波的传播方向，因为电磁波可能是沿最小变量的方向或者相反的方向传播，所以确定空间电磁波的传播方向需要使用多颗卫星的组网观测。首先计算出 MVA 的最小变化本征矢量后，再根据不同卫星观测到波的先后顺序来确定波的传播方向。与横波不同，静电波和声波等纵波的扰动方向是平行于波传播方向的，所以不能使用 MVA 方法来获取波动的传播方向。此外，也不能用 MVA 方法来分析行星际激波的法向，因

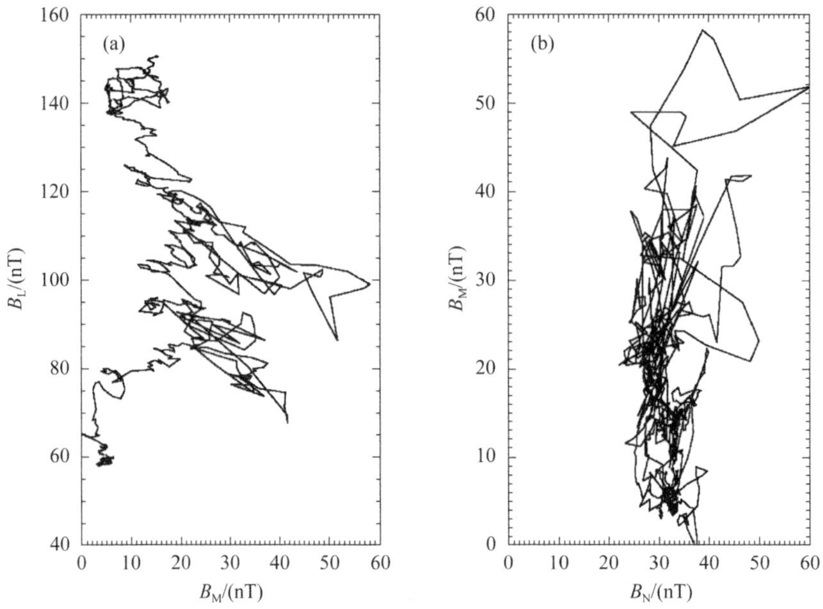

图 6.1 磁场在边界法向(LMN)坐标系中的变化

为激波的扰动沿着激波面法向是最大的。

6.2 电磁波传播奇异值分解法

最小变量分析法是利用波磁场或波电场三分量的扰动方向来初步获得波的传播方向。要进一步确定波的传播角(波模角)、平面度和极化性质等参数,需要利用波谱数据来分析。其中,奇异值分解方法(简称"SVD")就是基于实测电磁场数据的奇异值分解来获得波特征参数的方法[26]。

假设存在频率为 f 的平面波,其波矢 $\boldsymbol{k}$ 可以由法拉第定律得到:

$$\boldsymbol{k}\times\boldsymbol{E}=\omega\boldsymbol{B} \tag{6.7}$$

其中,$\omega=2\pi f$ 是角频率,$\boldsymbol{E}$ 和 $\boldsymbol{B}$ 是电磁场的复振幅矢量。

6.2.1 磁场谱矩阵的奇异值分解法

由方程(6.7)可知,三维的磁场复振幅矢量 $\boldsymbol{B}$ 垂直于波矢 $\boldsymbol{k}$,即:

$$\boldsymbol{B}\cdot\boldsymbol{k}=0 \tag{6.8}$$

将方程(6.8)依次乘以 B^* 的三个笛卡尔分量,* 表示复数共轭,可得到三个相互依赖的方程[26]:

$$\sum_{i=1}^{3}B_iB_j^*k_i=0,\qquad j=1\cdots3 \tag{6.9}$$

这样构造一个理想化的 3×3 的磁场谱矩阵 $\boldsymbol{S}$:

$$S_{ij}=B_iB_j^* \tag{6.10}$$

于是,方程(6.9)可改写为:

$$S \cdot \boldsymbol{k}=0 \tag{6.11}$$

进一步将方程(6.11)改写成实数方程：

$$A \cdot \boldsymbol{k}=0 \tag{6.12}$$

A 是 6×3 的实数矩阵：

$$A=\begin{pmatrix} \mathscr{R}S_{11} & \mathscr{R}S_{12} & \mathscr{R}S_{13} \\ \mathscr{R}S_{12} & \mathscr{R}S_{22} & \mathscr{R}S_{23} \\ \mathscr{R}S_{13} & \mathscr{R}S_{23} & \mathscr{R}S_{33} \\ 0 & -\mathscr{I}S_{12} & -\mathscr{I}S_{13} \\ \mathscr{I}S_{12} & 0 & -\mathscr{I}S_{23} \\ \mathscr{I}S_{13} & \mathscr{I}S_{23} & 0 \end{pmatrix} \tag{6.13}$$

其中，$\mathscr{R}S_{ij}$ 和 $\mathscr{I}S_{ij}$ 分别表示能谱矩阵分量 S_{ij} 的实部和虚部。

矩阵方程(6.12)中只有 3 个自变量，但其由 6 个实数方程组成。对于理想的平面波，由于未知量 $\boldsymbol{k}$ 严格满足方程组(6.12)，因此该方程组会退化成 3 个独立的方程。但是在实际观测中，由于噪声或者非极化信号的存在，方程组并不会退化。此时，可以采用实测的磁场谱矩阵 $\hat{S}$ 替代理想的磁场谱矩阵 S[26]：

$$\hat{S}_{ij}=\langle \hat{B}_i \hat{B}_j^* \rangle \tag{6.14}$$

其中，$\hat{\cdots}$ 表示实测数据，$\langle\cdots\rangle$ 表示时间平均。方程(6.12)可写成：

$$\hat{A} \cdot \hat{\boldsymbol{k}}=0 \tag{6.15}$$

在实际情况下，一般并不能找到一个矢量 $\hat{\boldsymbol{k}}$ 使得方程(6.15)成立。作为替代，可以利用最小二乘估计法(least square estimate)来求解方程组，其核心思想就是找到一组解使得六维矢量 $\hat{A} \cdot \hat{\boldsymbol{k}}$ 的模最小。通过奇异值分解磁场谱矩阵 $\hat{A}$，能够很容易得到这组解，其分解方式为：

$$\hat{A}=U \cdot W \cdot V^{\mathrm{T}} \tag{6.16}$$

其中，U 是 6×3 的矩阵，其列向量正交，W 是 3×3 的对角矩阵，其对角线上的元素是奇异值，V^{T} 是 3×3 的矩阵，其行向量正交。

最小的奇异值对应的 V^{T} 的行向量就是求得的最小二乘法估计的 $\hat{\boldsymbol{k}}$。V^{T} 的另外两个行向量则垂直于最小平方估计的 $\hat{\boldsymbol{k}}$，因此可以用来估计磁场极化的平面。其中，最大奇异值对应的 V^{T} 的行向量可以用来估计磁场极化椭圆长轴的方向，中间奇异值对应的 V^{T} 的行向量可以用来估计磁场极化椭圆短轴的方向。如果将三个奇异值从小到大排列，用 w_1，w_2 和 w_3 表示，就可以用下式来定义磁场极化的平面度[26]：

$$F=1-\sqrt{w_1/w_3} \tag{6.17}$$

极化椭圆长短轴的比值为：

$$L_p=w_2/w_3 \tag{6.18}$$

当 $L_{\mathrm{p}}=1$ 时，波是圆极化的；当 $L_{\mathrm{p}}=0$ 时，波是线性极化的。

需要注意的是，由于未知矢量 $\boldsymbol{k}$ 乘上任意实数而不影响方程(6.15)，因此通过电磁波的磁场谱矩阵的奇异值分解，只能给出波矢方向而不能给出波长。此外，在方程(6.15)中，波矢 $\boldsymbol{k}$

可能乘上负数，因此也不能区分两个反平行的波矢。

6.2.2 电磁场谱矩阵的奇异值分解法

仅仅由磁场矢量并不能完全确定电磁波的传播方向。如上所述，两个传播方向相反的电磁波无法用磁场谱矩阵的奇异值分解法来区分。为了完全确定波矢的方向，除了用磁场数据(B)外，还必须使用电场数据(E)。为了简单起见，法拉第方程可写为：

$$\boldsymbol{n}\times\boldsymbol{E}=c\boldsymbol{B} \tag{6.19}$$

其中，$\boldsymbol{n}=\boldsymbol{k}c/\omega$ 是无量纲矢量，其模为波的折射率，其方向为波矢 $\boldsymbol{k}$ 的方向，c 是光速。

将电场矢量 $\boldsymbol{E}$ 和磁场矢量 $\boldsymbol{B}$ 分别用同一笛卡尔坐标系中的三分量 E_i 和 $B_i(i=1\cdots3)$表示，并把三个复数方程(6.19)依次乘以 cB^* 的三个笛卡尔分量，再乘以 E^* 的三个笛卡尔分量，可得到 18 个相互依赖的复数方程[26]：

$$\sum_{j,k=1}^{3}\varepsilon_{ijk}E_k\zeta_l^* n_j = cB_i\zeta_l^*,\quad i=1\cdots3,\quad l=1\cdots6 \tag{6.20}$$

当 $ijk=123,231$ 和 312 时，$\varepsilon_{ijk}=1$；当 $ijk=132,321$ 和 213 时，$\varepsilon_{ijk}=-1$；其他情况时，$\varepsilon_{ijk}=0$。ζ 是一个六维的“电磁”矢量：

$$\zeta=(cB_1,cB_2,cB_3,E_1,E_2,E_3) \tag{6.21}$$

于是可以构造一个理想化的 6×6 的电磁场谱矩阵 $\boldsymbol{Q}$：

$$\boldsymbol{Q}_{ij}=\zeta_i\zeta_j^* \tag{6.22}$$

此时，方程(6.20)中的 $E_k\zeta_l^*$ 和 $cB_i\zeta_l^*$ 分别对应于电磁场谱矩阵 Q 中的元素 $\boldsymbol{Q}_{(k+3)l}$ 和 $\boldsymbol{Q}_{il}$。这样，方程(6.20)可整理为 36 个实数方程组，其自变量为列向量 $\boldsymbol{n}$ 的三个分量：

$$A_E\cdot\boldsymbol{n}=\boldsymbol{b} \tag{6.23}$$

其中，$\boldsymbol{A}_E$ 是 36×3 的实数矩阵，$\boldsymbol{b}$ 是 36×1 的实数列向量。矩阵 $\boldsymbol{A}_E$ 和向量 $\boldsymbol{b}$ 可由方程(6.20)—(6.22)直接得到。例如当 $i=1$ 和 $l=1$ 时，方程(6.20)的实部对应于 A_E 的第一行和 $\boldsymbol{b}$ 的第一个元素，其值分别为$(0,\mathcal{R}\boldsymbol{Q}_{61},-\mathcal{R}\boldsymbol{Q}_{51})$和 $\boldsymbol{Q}_{11}$。

与磁场谱分析类似，用实测的电磁场谱矩阵$\hat{\boldsymbol{Q}}$替代理想的电磁场谱矩阵 Q：

$$\hat{\boldsymbol{Q}}_{ij}=\langle\zeta_i\zeta_j^*\rangle \tag{6.24}$$

于是，矩阵方程(6.23)可写为：

$$\hat{A}_E\cdot\hat{n}=\hat{b} \tag{6.25}$$

对矩阵$\hat{A}_E$ 进行奇异值分解可得：

$$\hat{A}_E=U_E\cdot W_E\cdot V_E^{\mathrm{T}} \tag{6.26}$$

其中，U_E 是 36×3 的矩阵，其列向量正交，W_E 是 3×3 的对角矩阵，其对角线上的元素是奇异值，V_E^{T} 是 3×3 的矩阵，其行向量正交。最小二乘估计的$\hat{\boldsymbol{n}}$为[26]：

$$\hat{n}=V_E\cdot W_E^{-1}\cdot U_E^{\mathrm{T}}\cdot\hat{b} \tag{6.27}$$

其中，V_E 是 V_E^{T} 的转置，W_E^{-1} 是对角矩阵，其对角线上的元素是奇异值的倒数，U_E^{T} 是U_E 的转置。

单个平面波的情况下，未知量 $\boldsymbol{n}$ 严格满足方程(6.25)。但是对于实测的电磁场数据，奇异值分解法给出的是$\hat{n}$的最小二乘估计，一般并不完全满足方程(6.25)，即$\hat{A}_E \cdot \hat{n}$并不严格等于$\hat{b}$。因此，利用该性质可构造“电磁平面度”的估计量F_E：

$$F_E = 1 - \sqrt{\frac{N}{D}} \tag{6.28}$$

其中，

$$\mathcal{N} = \sum_{i=1}^{36} (\hat{\beta}_i - \hat{b}_i)^2 \tag{6.29}$$

$$\mathcal{D} = \sum_{i=1}^{36} (|\hat{\beta}_i| + |\hat{b}_i|)^2 \tag{6.30}$$

其中，$\hat{\beta} = \hat{A}_E \cdot \hat{n}$，$\hat{n}$是由奇异值分解法给出的最小二乘估计值。

图 6.2 给出了利用 SVD 法获得的磁层哨声模合声波(chorus)的波模角(WNA)、极化椭圆率(ε)、坡印廷矢量($\vec{S}$)与背景磁场($\vec{B}$)的关系。$\vec{S} \cdot \vec{B} > 0$ 表示波平行于磁场方向传播，而$\vec{S} \cdot \vec{B} < 0$ 表示波反平行于磁场方向传播。

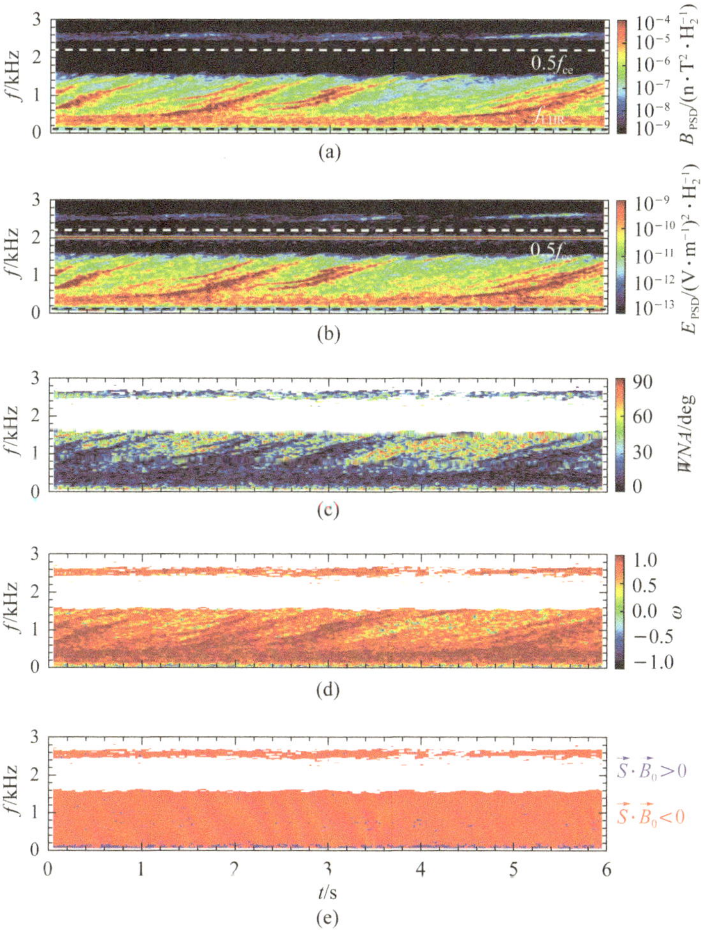

图 6.2　范艾伦探测卫星从 2012 年 12 月 12 日 13:57:57.5 UT 开始测量的上、下频段的哨声模合声波的波谱强度(B_{PSD}和E_{PSD})、波模角(WNA)、极化椭圆率(ε)、坡印廷矢量($\vec{S}$)与背景磁场($\vec{B}$)的关系

6.3 共面理论估计激波法向

日地空间中一些爆发性的太阳风高速流会产生许多电磁场不连续性结构。例如，日冕物质抛射(CME)会在行星际空间产生一个激波结构。图 6.3 中的垂直阴影区标出了 GEOTAIL 卫星在地球磁层顶外面观测到的一次行星际激波到来造成当地磁场(B_{IX}，B_{IY}，B_{IZ})、等离子体流速(V_{SX}，V_{SY}，V_{SZ})、密度(N_p)和压力(P_{dyn})的跳变情况。不像地球磁层顶间断面，磁场和等离子体沿着激波法向的变化并不是最小的。因此，并不能简单地使用最小变量分析方法来确定激波的法向。

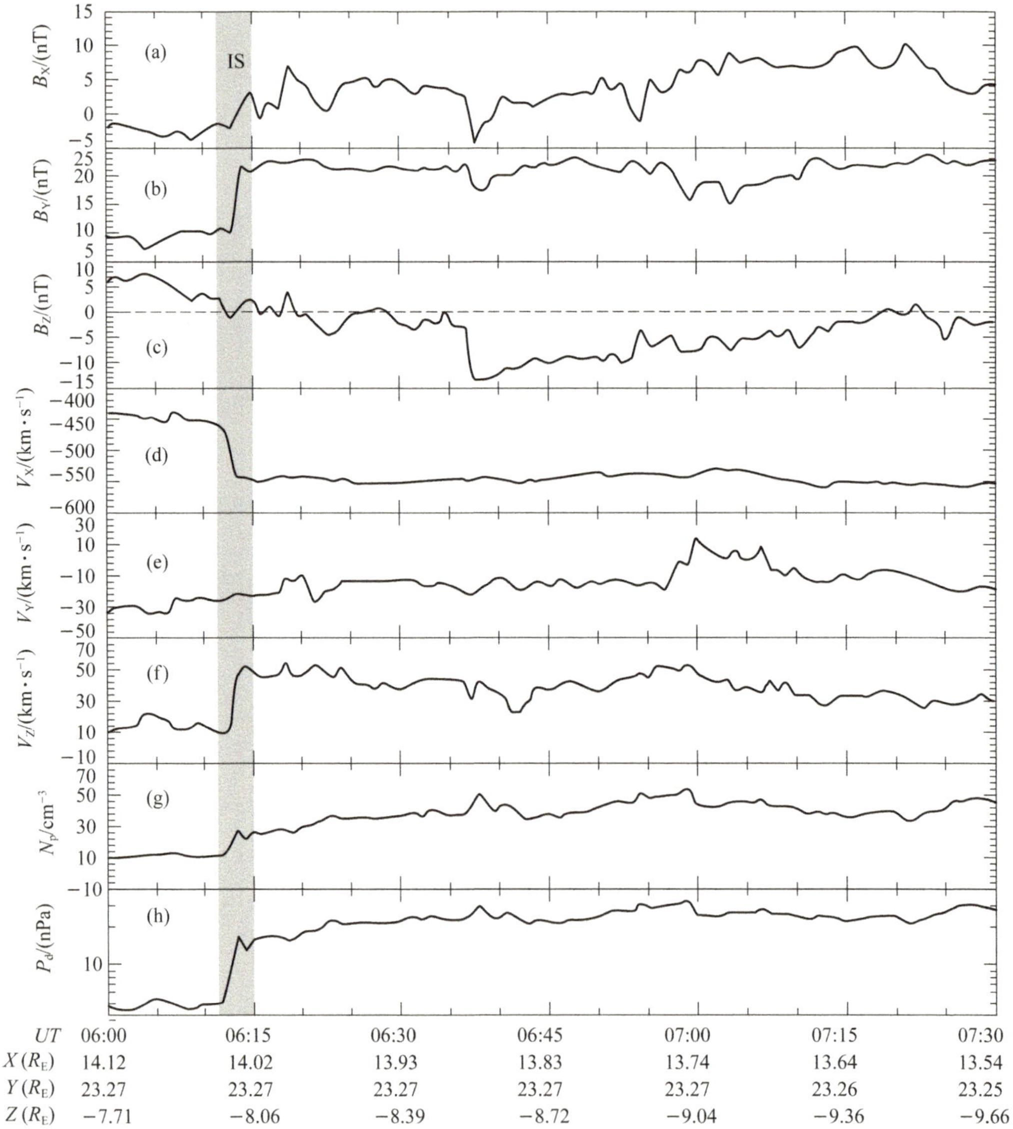

图 6.3 GEOTAIL 在 2005 年 8 月 24 日观测到一次行星际激波事件(垂直阴影区)[27]

通常采用激波共面理论来估计激波的法向(即传播方向)。假定磁流体激波上下游的磁场矢量($\boldsymbol{B}$)和等离子体流速度矢量($\boldsymbol{V}$)均位于同一个平面上,则激波的法向($\boldsymbol{n}$)为:

$$\boldsymbol{n}=\pm\frac{(\boldsymbol{B}_1-\boldsymbol{B}_2)\times[(\boldsymbol{B}_1-\boldsymbol{B}_2)\times(\boldsymbol{V}_1-\boldsymbol{V}_2)]}{|(\boldsymbol{B}_1-\boldsymbol{B}_2)\times[(\boldsymbol{B}_1-\boldsymbol{B}_2)\times(\boldsymbol{V}_1-\boldsymbol{V}_2)]|} \tag{6.31}$$

这里,下标 1 和 2 分别表示激波上游和下游。如果质量通量守恒,则可获得激波法向速度:

$$\boldsymbol{V}_{\text{shock}}=\frac{(\rho_2\boldsymbol{V}_2-\rho_1\boldsymbol{V}_1)\cdot\boldsymbol{n}}{\rho_2-\rho_1} \tag{6.32}$$

如果卫星测量在行星际空间测量到 CME 前端的激波上下游参数,利用 6.31 和 6.32 就可以估计激波的法向和传播速度,以便预测激波是否能传播到地球磁层顶附近,以及估计激波的飞行时间等。例如,利用利用 Geotail 卫星在 2005 年 8 月 24 日观测到的行星际参数(图 6.3),可以估算出行星际激波在 GSM 坐标系中的法向为:$\boldsymbol{n}$=(−0.88, 0.26, 0.39)。此次行星际激波造成地球磁尾的压缩和震荡现象。

习　题

1. 最小变量分析法是否可以用来分析静电波和声波的传播方向呢 ? 为什么?

2. SVD 方法主要用来分析什么波传播方向、平面度和极化性质等? 能否使用该方法来分析球面波的传播特性? 为什么?

3. 行星际激波间断面和地球磁层顶有何区别? 如何确定它们的法向?

第 7 章　空间等离子体探测数据处理方法

地球电离层、磁层、行星际空间和太阳大气中都存在不同能量的等离子体。其中,冷的背景电子密度是空间等离子体的一个重要参数。它的大小和空间分布影响着空间电磁波的传播。在对波进行射线追踪或有限元模拟中,输入的背景电子密度对波的传播和演化起着决定性作用。此外,背景电子的密度还影响着波粒相互作用过程。例如,地球辐射带的高能电子与等离子体层嘶声、合声(chorus)波或电磁离子回旋波(EMIC)的回旋共振相互作用结果强烈依赖于当地背景电子的数密度。因此,对空间等离子体密度和温度等物理量进行原位探测或反演推导对认识空间环境的扰动过程和机制十分重要。

在地球电离层中,等离子体的密度较高,但温度较低。通常采用朗缪尔探针来测量高密度的冷等离子体参数。朗缪尔探针是将一根金属电极(传感器)伸入到等离子体中,测量电极电压和其收集的等离子体电流关系(即 I－V 曲线),并通过拟合 I－V 曲线反演获得冷等离子体的密度和温度等参数。但是,在地球等离子体层顶以外的磁层区域,等离子体密度很低,但温度较高,通常采用计数率探测器来测量其参数。譬如,“双星计划”TC2 卫星搭载的热离子分析仪(HIA)等。但是计数率探测器需要靠卫星自旋一周才能测量到粒子的全向通量,测量数据的时间精度较低。此外,计数率探测器性能还受到探测能道的限制。为了弥补这些不足,通常利用卫星电势或原位探测的波动来反演磁层区域背景等离子体的密度。

7.1　利用卫星电势差反演电子密度

在地球等离子体层顶以外的低密度磁层区域和太阳风中,卫星在光照的情况下相对于周围的等离子体存在一个正的电势差[28]。这个电势差近似等于卫星本体电位(V_s)与电场探头电位(V_p)的差($\Delta V=V_s-V_p$)。通过给探头输入适当的偏转电压,可以使探头电位几乎等于环境等离子体电位($V_p=0$)[29]。因此,单探头系统测得的电位近似等于航天器对环境等离子体的电位 ($\Delta V\approx V_s$)[30]。

卫星的电位差由流入和流出卫星表面的各种电流之间的平衡关系决定,包括从背景等离子体流向卫星的电子电流(I_e)、离子电流(I_i)、由入射电子产生的次级电子电流(I_{sec})、反射电子电流(I_{bac}),以及流出卫星的光电子电流(I_{ph})等。不同电流之间的平衡关系为[30]:

$$I_e-(I_{ph}+I_i+I_{sec}+I_{bac})=0 \tag{7.1}$$

在地球等离子体层顶外的稀薄等离子体区域,离子电流是远小于电子电流的($I_i\approx 0.02-0.05I_e$),可以忽略不计[30]。此外,在光照情况下,次级电子电流和反射电子电流也可以忽略。因此,卫星电势差主要取决于背景电子电流和光电子电流的平衡($I_e+I_{ph}\approx 0$)。

假定电子的速度分布满足麦克斯韦分布,则流向卫星的电子电流为[31]:

$$I_e=-A_s q n_e\sqrt{\frac{k_B T_e}{2\pi N_e}}\left(1+\frac{qV_s}{k_B T_e}\right) \tag{7.2}$$

A_s是卫星的表面积。例如,MMS 卫星的表面积大约为 34 m^2, Cluster 卫星的表面积大约为 23.5 m^2。m_e和 T_e是电子的质量和温度,q 是电子电荷。k_B 是玻尔兹曼常数。

此外，流出卫星表面的光电子电流表示为[31]：

$$I_{ph}=I_{ph0}\exp\left(-\frac{qV_s}{k_BT_{ph0}}\right)+I_{ph1}\exp\left(-\frac{qV_s}{k_BT_{ph1}}\right) \tag{7.3}$$

其中，常数 I_{ph0}、I_{ph1}、T_{ph0} 和 T_{ph1} 可以通过光电子电流 I_{ph} 和卫星电势 V_s 的曲线拟合得到[29]：$I_{ph0}\approx 50.8\ \mathrm{uA/m^2}$，$I_{ph1}\approx 1.5\ \mathrm{uA/m^2}$，$k_BT_{ph0}\approx 2.4\ \mathrm{V}$，$k_BT_{ph1}\approx 12.4\ \mathrm{V}$。通过流入与流出卫星的电流平衡关系式（$I_e+I_{ph}\approx 0$），可以反演出背景电子的数密度[31]：

$$N_e=\frac{1}{A_sq}\sqrt{\frac{2\pi m_e}{k_BT_e}}\left(1+\frac{qV_s}{k_BT_e}\right)^{-1}\left(I_{ph0}\exp\left(-\frac{qV_s}{k_BT_{ph0}}\right)+I_{ph1}\exp\left(-\frac{qV_s}{k_BT_{ph}}\right)\right) \tag{7.4}$$

利用方程(7.4)计算电子密度 n_e，还需要通过其他方式获得背景电子的温度 T_e。后来通过等离子体波仪器测量的波截止频率(f_c)和电子密度的关系($n_e\approx f_c^2/81$)推导出 n_e，从而获得电子密度和卫星电位(V_s)的拟合公式[28]：

$$N_e=67.1\exp\left(-\frac{V_s}{1.15}\right)+4.8\exp\left(-\frac{V_s}{4.35}\right)+0.68\exp\left(-\frac{V_s}{9.15}\right)+0.07\exp\left(-\frac{V_s}{20.8}\right) \tag{7.5}$$

该拟合公式适用于卫星电势低于 90 伏特的空间区域，可以反演出 0.001－50 $\mathrm{cm^{-3}}$ 的电子密度（如图 7.1 所示）。除了高密度的地球等离子体层之外（$N_e>50\ \mathrm{cm^{-3}}$），该公式可用来反演地球磁层大部分区域和太阳风中的电子数密度[28]。

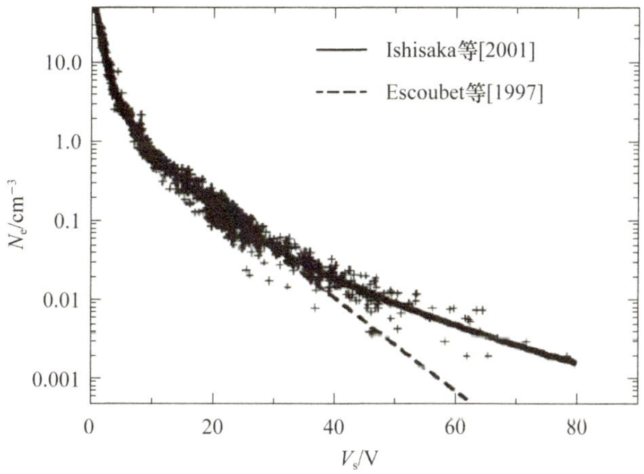

图 7.1 电子数密度随卫星电势的变化关系[28]。加号表示测量值，实线是方程 7.5 的拟合值[28]，虚线是 Escoubet 等人(1997)建立的经验模型的拟合值[30]

利用卫星电势差拟合空间等离子体密度的方法相比于计数率探测仪器的优势主要体现在：(1)基于电势探测，有非常高的时间分辨率，能够用来研究等离子体密度的快速变化；(2)不受粒子探测器能量范围的限制，所反演的等离子体密度包含等离子体的主要部分；(3)可以测量非常稀薄的等离子体密度。因此该方法已经被广泛应用到 Cluster、THEMIS 和 Van Allen Probes 等卫星计划中。

但是，利用该方法反演的等离子体密度也存在一定的误差，在某些情况下，误差可能达到 40%[31]。一方面，环境电子的温度会影响卫星电势。如图 7.2 所示，电子温度对低密度区域（$N_e\leqslant 50\ \mathrm{cm^{-3}}$）的卫星电势的影响较大，而且，电子的密度越低，温度的影响越显著。不过电子温度对高密度区域($N_e \geqslant 100\ cm^{-3}$)卫星电势的影响可以忽略不计[30]。另外一方面,强的外部电场也会增强光电子从卫星表面逃逸,从而加大卫星电势(如图 7.3 所示),并造成环境电子密度估计不准确[31]。此外,利用卫星电势反演周围环境电子密度还需考虑光照和非光照条件的影响,以及不同卫星球形电场测量仪安装几何构型的差异。因而不同卫星的反演公式可能会不一样。

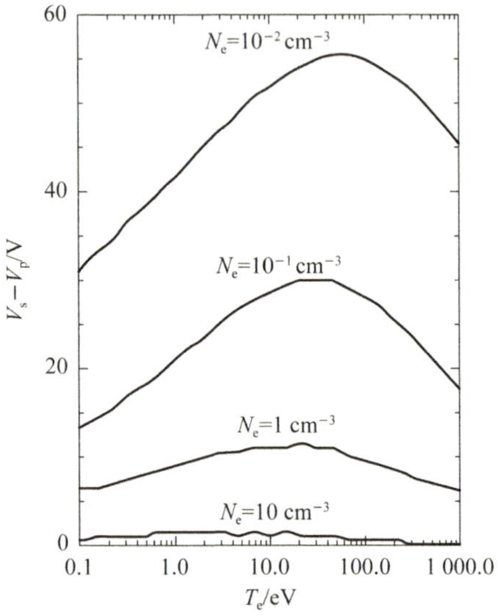

图 7.2 卫星电势差(V_s-V_p)随电子温度(T_e)的变化[30]

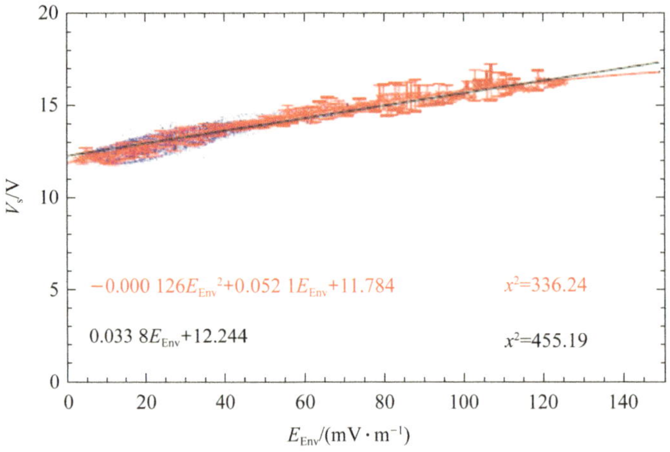

图 7.3 卫星电势随外部电场的变化[31]

基于 THEMIS 卫星电势反演电子密度的开源程序已经整合在 spedas 软件包[18]中(http://spedas.org/blog/),利用其中的“thm_scpot_density.pro”程序就可以反演指定时刻的电子密度。具体的运行程序如下:

```
IDL>timespan,'2015 - 1 - 1'  ;设定时间
IDL > IDL > probe = 'd'   ;设定卫星
IDL > thm_scpot_density,probe = probe;利用卫星电势反演电子密度
IDL > tplot,'th'+ probe +'_pxxm_density';将反演得到的电子密度画图
```

运行后所得到的结果如图7.4所示，它展示了2015年1月1日THEMIS-D卫星轨道周围的等离子体电子密度随高度thd_R和时间的变化。该模块能够也能够反演密度高于50 cm^{-3}的等离子体层内的电子密度，但反演的电子密度精度还有待验证。

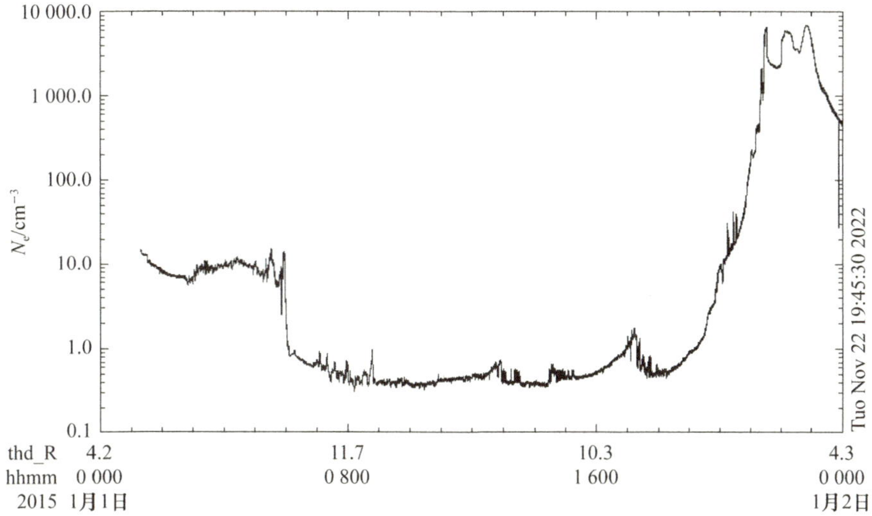

图7.4　利用卫星电势反演得到的等离子体电子密度曲线

7.2　基于高混杂波导出电子密度

在等离子体层顶之内的高度密度区域（$N_e \geqslant 50$ cm^{-3}），可以通过卫星测量的高混杂共振频率（f_{UH}）导出卫星周围电子的密度。当电子等离子体频率（f_{pe}）高于电子回旋频率（f_{ce}）时，这种方法被认为是一种最可靠的被动测量电子密度的技术[32]。高混杂共振频率是电子等离子频率和回旋频率的平方和开方，即：

$$f_{UH}=\sqrt{(f_{pe}^2+f_{ce}^2)} \tag{7.6}$$

这里，电子回旋频率是当地磁场强度（B）的函数。电子等离子体频率是电子密度（N_e）的函数，即：

$$f_{ce}=\frac{|q|B}{2\pi m_e} \tag{7.7}$$

$$f_{pe}=\frac{1}{2\pi}\sqrt{\frac{q^2 N_e}{m_e \varepsilon_0}} \tag{7.8}$$

q和m_e分别是电子的电荷和质量，ε_0是真空中的介电常数。根据公式(7.6-7.8)可推导出电子密度为：

$$N_e=4\pi^2 m_e \varepsilon_0 (f_{UH}^2-f_{ce}^2) \tag{7.9}$$

f_{UH}和f_{ce}可以通过卫星观测的波谱和磁场强度获得，如图7.5所示。f_{UH}由高混杂共振谱密度峰值位置决定[32]。

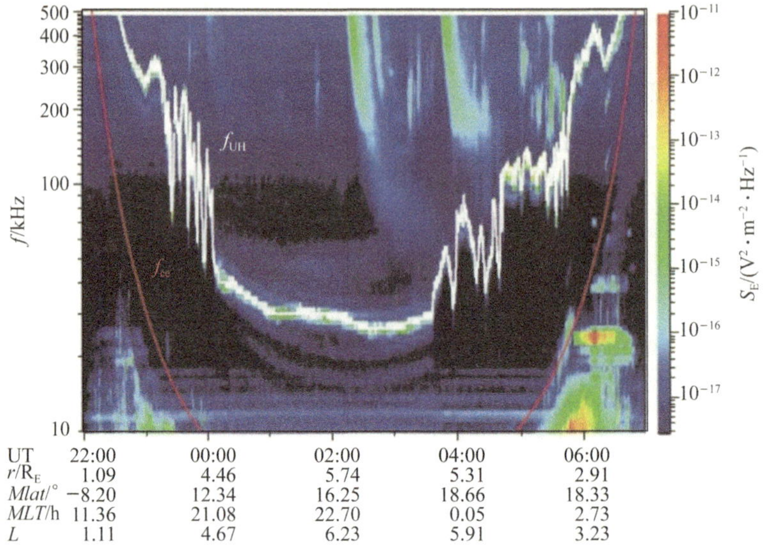

图 7.5 范艾伦探针卫星的波动高频接收器（HFR）测量的高混杂共振频率(白线)[33]

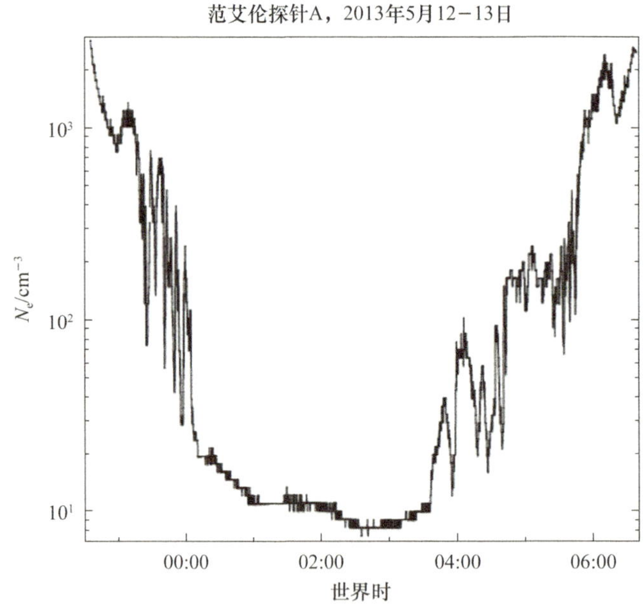

图 7.6 利用高混杂共振曲线反演的电子密度[33]

7.3 基于嘶声波导出等离子体层电子密度

在缺乏卫星电势和高频波谱数据的情况下，可以根据等离子体层嘶声波的电磁场强度和冷等离子体色散关系导出等离子体层电子的密度。假定嘶声是平行于背景磁场传播的，并且忽略离子的影响，电子等离子体频率可以写成嘶声波频率(f)、波电场(δE)和波磁场(δB)的函数[33]，即：

$$f_{pe}^2 = f(f - f_{ce})\left(1 - \frac{c^2\ \delta B^2}{\delta E^2}\right) \tag{7.10}$$

c 是真空中的光速。由电子等离子体频率的公式可以反演出电子的密度：

$$N_e = \frac{f_{pe}^2}{4\pi^2 m_e \varepsilon_0} \tag{7.11}$$

图 7.7 对比了由嘶声波推导的电子密度（N_{wave}）和由高混杂频率得到的电子密度（N_{UH}）。这两种方法得到的电子密度近似成线性变化关系[34]，说明这两种方法反演的电子密度是可靠的。

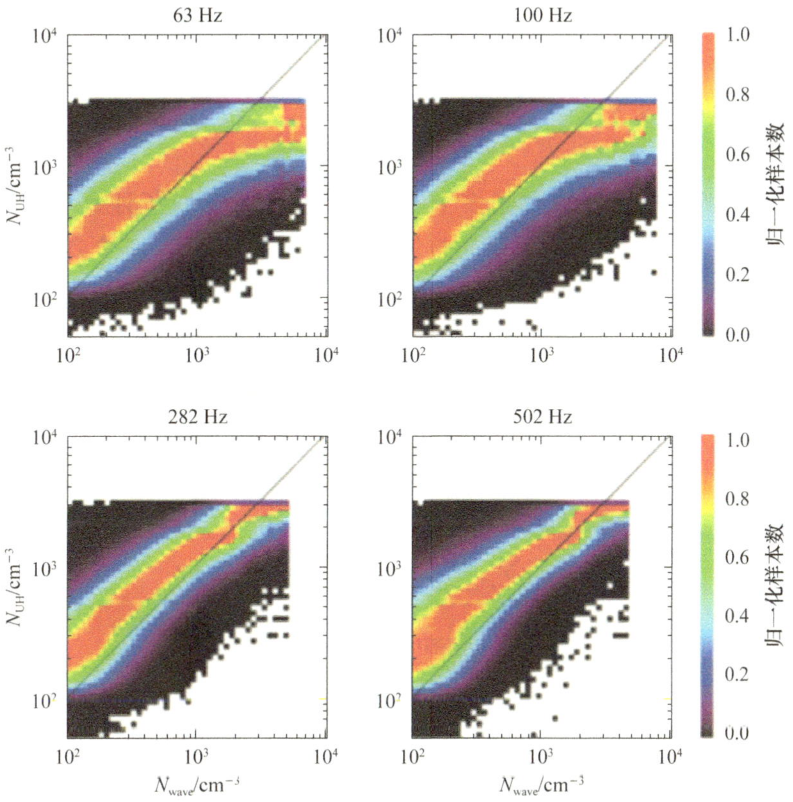

图 7.7　由嘶声波推导的电子数密度（N_{wave}）和由高混杂频率得到的电子数密度（N_{UH}）的关系[33]

7.4　利用计数率导出热等离子体参数

在地球等离子体层顶外的低密度区域，大多数粒子探测器采用计数率的方式来测量热等离子体的状态参数。计数率探测器可以测量等离子体的三维速度分布函数。对于一个运动速度为 v 的粒子，其速度分布函数 $f(v)$ 的矩可写成[24]：

$$M_n = \int f(v)\ v^n d^3 v \tag{7.12}$$

这里，$d^3 v$ 是速度空间的体积元（即单位体积）。

通常使用的 0 阶、1 阶、2 阶和 3 阶矩分别对应着粒子的数密度（N），数通量密度矢量（NV）、动量通量密度张量（$\cap$）和能通密度张量（Q）[24]，即：

$$N = \int f(v) d^3 v \tag{7.13}$$

$$NV = \int f(v)\, v d^3 v \tag{7.14}$$

$$\cap = m\int f(v)\, vv d^3 v \tag{7.15}$$

$$Q = \frac{m}{2}\int f(v)\, v^2 v d^3 v \tag{7.16}$$

当然也可以计算更高阶的矩，但是并没有物理意义。从 0 阶和 1 阶矩方程可以计算出粒子的平均速度（即整体速度 V），

$$V=(NV)/N \tag{7.17}$$

实际的卫星探测器一次可以测量多个能道和多个方向的粒子计数率。“双星计划”的 TC-2 卫星搭载的热离子分析仪（HIA）可以同时对 30 个能量（E_i）、16 个方位角（φ_j）和 8 个仰角（θ_k）进行采样。这样，卫星旋转一周将总共收集 3840 个计数率样本[24]：

$$C = \sum_i \sum_j \sum_k C_{i,j,k} = \sum_i \sum_j \sum_k C(E_i, \varphi_j, \theta_k) \tag{7.18}$$

一旦获得测量粒子的计数率，可以计算出粒子的数密度（N）：

$$N = \sum_k \frac{1}{V(E)} \sum_\varphi \sum_\theta C(\theta,\varphi,E) \tag{7.19}$$

粒子在三个坐标方向的数通量密度张量为[24]：

$$NV_x = \sum_E \sum_\varphi \cos\varphi \sum_\theta \cos\theta C(\theta,\varphi,E) \tag{7.20}$$

$$NV_y = \sum_E \sum_\varphi \sin\varphi \sum_\theta \cos\theta C(\theta,\varphi,E) \tag{7.21}$$

$$NV_x = \sum_E \sum_\varphi \sum_\theta \sin\theta C(\theta,\varphi,E) \tag{7.22}$$

粒子的动量密度通量张量为[24]：

$$P_{xx} = \sum_E V(E) \sum_\varphi \cos^2\varphi \sum_\theta \cos^2\theta C(\theta,\varphi,E) \tag{7.23}$$

$$P_{yy} = \sum_E V(E) \sum_\varphi \sin^2\varphi \sum_\theta \cos^2\theta C(\theta,\varphi,E) \tag{7.24}$$

$$P_{zz} = \sum_E V(E) \sum_\varphi \sum_\theta \sin^2\theta C(\theta,\varphi,E) \tag{7.25}$$

$$P_{xy} = \sum_E V(E) \sum_\varphi \cos\varphi \sin\varphi \sum_\theta \cos^2\theta C(\theta,\varphi,E) \tag{7.26}$$

$$P_{xz} = \sum_E V(E) \sum_\varphi \cos\varphi \sum_\theta \cos\theta \sin\theta C(\theta,\varphi,E) \tag{7.27}$$

$$P_{yz} = \sum_E V(E) \sum_\varphi \sin\varphi \sum_\theta \cos\theta \sin\theta C(\theta,\varphi,E) \tag{7.28}$$

粒子的能通量密度张量为[24]：

$$H_x = \sum_E V^2(E) \sum_\varphi \cos\varphi \sum_\theta \cos\theta C(\theta,\varphi,E) \tag{7.29}$$

$$H_y = \sum_E V^2(E) \sum_\varphi \sin\varphi \sum_\theta \cos\theta C(\theta,\varphi,E) \tag{7.30}$$

$$H_z = \sum_E V^2(E) \sum_\varphi \sum_\theta \sin\theta C(\theta,\varphi,E) \tag{7.31}$$

7.5 计算绝热坐标系中粒子相空间密度

在分析辐射带高能粒子的加速和损失过程时，为了排除粒子通量的绝热变化，需要将粒子的通量转换成绝热坐标系(μ,K,L^*)中的相空间密度(PSD)。通常用 μ,K 和 L^* 来分别表示带电粒子的第一、第二和第三绝热不变量。粒子相空间密度在绝热坐标系中的变化可以当作是由非绝热过程造成的。高能粒子的三个绝热不变量和相空间密度可写为[34]：

$$\mu=\frac{E(E+2E_0)}{2BE_0}\sin^2\alpha \tag{7.32}$$

$$K=\int_{s_s}^{s_n}\sqrt{(B_m-B(s))}\,\mathrm{d}s \tag{7.33}$$

$$L^*=\frac{2\pi M}{\Phi R_E} \tag{7.34}$$

$$PSD(\mu,K,L^*)=3.325\times10^{-11}\frac{j(E,\alpha,r)}{E(E+2E_0)} \tag{7.35}$$

这里，E 和 E_0 分别是粒子的能量和静止能量，α 是粒子的当地投掷角，r 是卫星位置，s_s 和 s_n 分别为粒子南北半球的磁镜点，B 是当地磁场，B_m 是粒子镜点磁场，s 是粒子沿磁力线做弹跳运动时磁力线上的路径长度，M 是地球磁矩，R_E 是地球半径，$\Phi=\oint\vec{B}\cdot\overrightarrow{dA}$ 是粒子漂移壳包围的磁通量，j 是卫星测量的粒子微分通量。

绝热坐标系仅仅是物理意义上的坐标系，并不是正交的空间坐标系。计算绝热坐标系下粒子的相空间密度，必须先求出卫星位置处粒子的三个绝热不变量 μ,K 和L^*。计算步骤为：

① 使用 IRBEM 模型库求得不同磁场模型下卫星位置处的 K 和L^*。为了得到粒子相空间密度在特定的(μ,K)下的径向分布，首先选取卫星位置处，计算不同粒子投掷角(譬如，每隔10°取值)对应的 K 和L^* 值，这样就能得到 K,L^* 分别与投掷角一一对应的列表。

② 当求解固定的一对 μ,K 上的粒子相空间密度时，首先对 K 进行插值即可得到固定的 K 对应的粒子投掷角$\alpha_{\mu,K}$，利用得到的$\alpha_{\mu,K}$对L^* 进行插值就可以得到卫星位置处固定 μ,K 时 L^* 的值$L^*_{\mu,K}$。

③ 利用固定的 μ 和$\alpha_{\mu,K}$就可计算固定μ,K 时粒子能量 $E_{\mu,K}$，再利用$\alpha_{\mu,K}$和 $E_{\mu,K}$对测量的粒子投掷角分布值进行二维插值并利用公式(4.7)则可得到固定 μ,K 时粒子的相空间密度。

④ 重复运用上述算法，就能够计算出卫星穿越内磁层时粒子相空间密度在特定的 μ,K 下的径向分布。

图 7.8 显示绝热坐标系中电子相空间密度(PSD)径向分布随时间的变化。对于固定的 μ 和 K 值，高 L 上电子相空间密度的减小说明电子经历着非绝热损失过程。例如，向外的径向扩散使得外辐射带高能电子最终漂移到昼侧的磁层顶之外损失掉[35]。

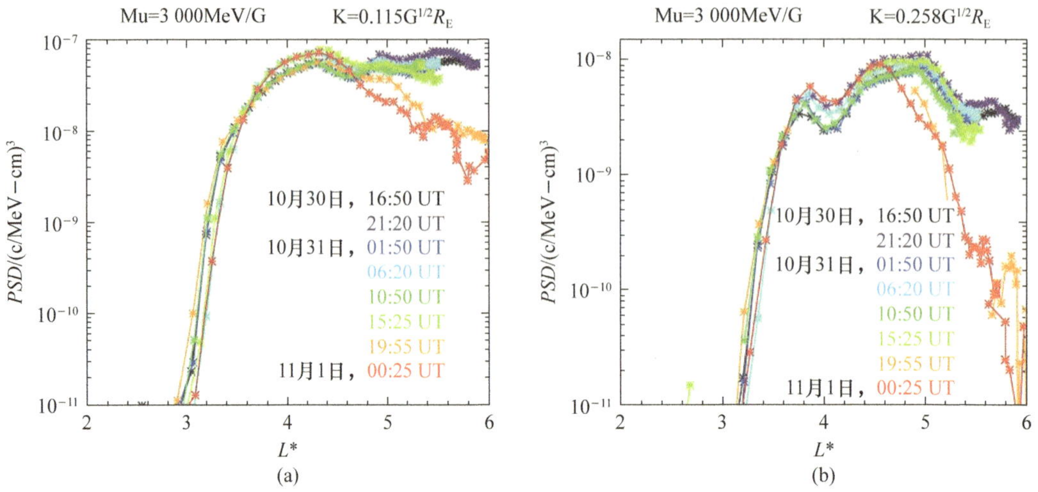

图 7.8 电子相空间密度径向分布随时间的变化[35]

7.6 太阳风飞行时间处理方法

7.6.1 太阳电磁辐射传播时间

爆发性太阳活动是地球空间天气扰动的重要触发源。太阳活动主要通过电磁辐射、抛射超声速等离子流和发射高能粒子等过程影响地球空间环境。其中，太阳耀斑爆发就伴随着强电磁辐射[1]。在强耀斑爆发期间，紫外和 X 射线辐射可增强 100 倍。太阳电磁辐射的平均能流大约为 1367 W/m^2。

太阳电磁辐射以光速(300 000 km/s)在日地空间传播。日地之间的距离大约为 1 个天文单位(1AU＝150 000 000 km)。于是，可以推算出太阳耀斑产生的紫外线和 X 射线到达地球公转轨道的飞行时间为：t＝150 000 000/300 000/60≈8.33 min。

7.6.2 太阳风等离子体流飞行时间平移法

除了太阳电磁辐射的影响之外，高温日冕气体可以克服太阳引力，以大约 350～900 km/s 的速度离开太阳，这个外流的等离子体称为太阳风[1]。太阳风高速流来主要自冕洞，主要由质子和电子组成，也有少量的氦核与重离子。太阳风等离子体流的平均动能流大约为 10^{-3}～10^{-4} W/m^2。虽然单位面积上的能流并不大，但是由于地球磁层的表面积较大，其接受能流的面积约为 10^{17} m^2，因而接受到的太阳风动能大约为 10^4 GW。此外，超声速的太阳风等离子流(速度矢量为 $\boldsymbol{V}$)还通过磁冻结效应携带着太阳磁场(B)一块作用地球磁层。太阳风磁场(B)和电场($\boldsymbol{V}\times B$)的方向和大小变化也会引起地球空间环境的扰动，譬如触发地磁暴、磁层亚暴和高能粒子暴等空间天气事件。

太阳风等离子体流从太阳表面飞行到地球磁层顶附近需要一定的时间。设测量点(譬如

拉格朗日 L_1 点)到地球磁层顶(MP)的距离为 ΔX(约等于 $243R_E$)。如图 7.9a 所示,如果太阳风等离子体流沿着日地连线的速度为 V_x,则太阳风从测量点到地球的飞行时间(Δt)为[36]:

$$\Delta t=\Delta X/V_x \tag{7.36}$$

在大多数情况下,太阳风扰动(如行星际激波)的法向(n)并不是沿着日地连线的(如图 7.9b 所示)。在这种情况下,太阳风的飞行时间为[36]:

$$\Delta t=\frac{(r_{MP}-r_{ACE})\cdot n}{V_{sw}\cdot n} \tag{7.37}$$

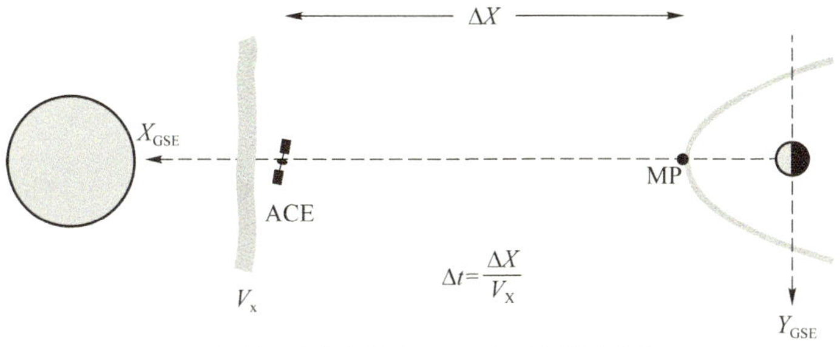

(a) 沿着日地连线的太阳风飞行时间计算方法

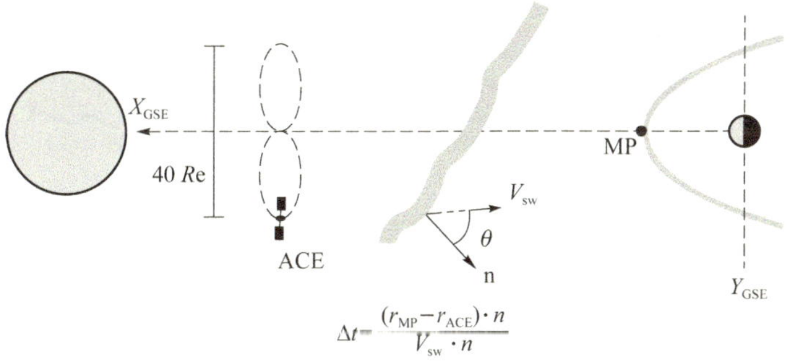

(b) 偏离日地连线一个角度 (θ) 的太阳风飞行时间计算方法

图 7.9　(a)沿着日地连线的太阳风飞行时间计算方法;(b)偏离日地连线一个角度(θ)的太阳风飞行时间计算方法[37]

如果提前在 L_1 点监测到太阳风的扰动,就可以利用太阳风的飞行时间差(Δt)来提前预测地球空间天气的响应时间和强度。设地球空间的响应开始时间 t_1,则

$$t_1=t_0+\Delta t \tag{7.38}$$

t_0 是飞船在 L_1 点观测到太阳风开始扰动的时刻(如行星际激波波前)。不同速度的太阳风等离子体流飞行到地球的时间是不一样的。

图 7.10 显示 ACE 飞船在 2005 年 8 月 24 日 05:38UT 在拉格朗日 L_1 点测量到一个强行星际激波到来(由垂直虚线标出),激波造成太阳风等离子体密度和速度的突然增加。大约过了 37 分钟后,该行星际激波传播到地球附近并造成地磁指数(H_{SYM}、AE 和 PC)的跳变(如图

7.11 所示）。为了更好地分析太阳风扰动和地球空间环境扰动的对应关系，需要根据公式(7.34)将 L_1 点的太阳风和行星际磁场(IMF)数据对应时间平移到地球附近。其时间平移方法就是将 L_1 点每个太阳风数据点对应的时间(t_0)加上飞行时间(Δt)，这样就可以得到地球附近的(即 t_1 时刻对应的)太阳风参数。

需要指出的是，由于太阳风不连续结构(如行星际激波)在行星际空间传播过程中本身也在不断演化，所以采用飞行时间平移方法得到的太阳风参数跟它传播到地球磁层顶附近的参数并不完全相同。因此，飞行时间平移法是当前处理日地扰动关系的一种近似方法。NASA的空间物理数据系统里的 OMNI 数据库中的太阳风参数就是时间平移后的数据，可以直接当作地球公转轨道附近的太阳风参数来处理。除了采用飞行时间平移法外，还可以采用数值模拟来再现太阳风扰动(譬如日冕物质抛射事件，CME)传播到的地球磁层顶附近的时空演化过程。

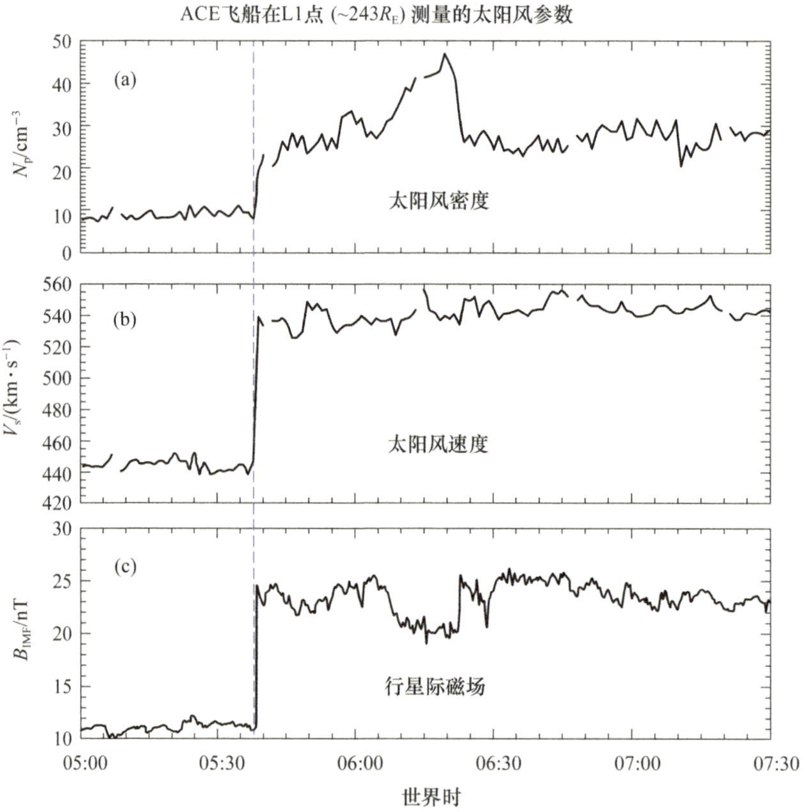

图 7.10　距离地球大约 243R_E 远的 L_1 点处太阳风参数和行星际磁场。垂直虚线代表行星际激波的到来

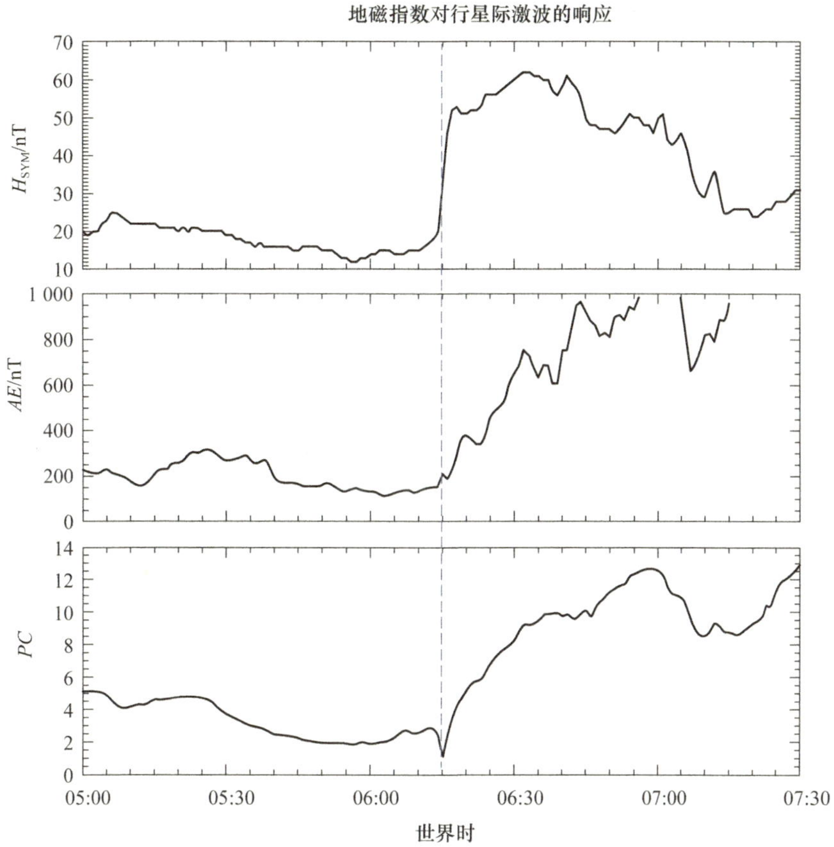

图 7.11　地磁指数(H_{SYM}、AE 和 PC)对行星际激波的滞后响应(垂直虚线处)

习　题

1. 简述三种计算背景冷等离子电子密度方法和使用条件。

2. 为什么粒子相空间密度在绝热坐标系中的变化可以判定为由非绝热过程导致的?

3. 从 https://cdaweb.gsfc.nasa.gov/上下载 L_1 点 ACE 飞船在 2005 年 8 月 24 日 05:00 UT－07:30UT 测量的磁场数据(AC_H0_MFI: H0－ACE Magnetic Field 16－Second Level 2 Data)和太阳风数据(AC_H0_SWE: ACE/SWEPAM Solar Wind Experiment 64－Second Level 2 Data),以及 WIND 飞船测量的磁场(WI_H0_MFI: Wind Magnetic Fields Investigation: 3 sec, 1 min, and hourly Definitive Data)和太阳风数据(WI_K0_SWE: Wind SWE (Solar Wind Experiment), Key Parameters)、以及 OMNI 数据库里的 1min 精度的 AE 和 SYM－H 指数。并以地磁指数的跳变时间为基准,将两个飞船在 L_1 点测量的行星际磁场(IMF)和太阳风等离子体密度和整体流速的时间平移到地球轨道附近。要求:

① 将数据文件下载为 CDF 或其他格式的数据。

② 用 IDL 代码进行时间平移。

③ 将时间平移后的 ACE 或 WIND 测量的 IMF(B 和三分量)、太阳风数据(质子的数密度和速度三分量)和地磁指数(AE 和 SYM－H)画在同一幅图中,并用垂线表明激波开始压缩地磁场的时刻。

第8章　数据统计处理和拟合方法

经过半个多世纪的探测和研究，科学家发现日地空间环境的扰动会影响卫星/飞船的在轨运行安全和探测仪器的工作性能。为了研究空间天气的发生规律，进而预报灾害性空间天气事件，需要对长期探测的空间探测数据进行统计处理和分析，从而获得一个经验公式或预报模型。

8.1　数理统计的基本原理

数理统计和概率论是研究随机现象发展规律的一门学科，其目的就通过对大量随机现象中(即样本)统计调查，从而寻求事物发展的必然规律。数理统计已经广泛地运用人口普查、经济普查和电子商务领域的大数据分析中。同时，它还广泛地应用于科学实验数据的分析研究中。如今，统计方法已成为空间物理研究和空间天气建模的一种常用方法。统计学的一些相关概念有[37]：

◇ **总体**：研究对象的全体。

◇ **个体**：组成总体的每个基本元素。

◇ **样本**：按一定规则从总体中抽取的一部分个体。

◇ **样本大小或容量**：每个样本包含的个体数量。

◇ **样本数量**：一共抽取了多少个样本。

在实际统计中，我们并不能获得总体的真实数据。因此，常常采用样本的统计特征来近似地反映总体的特征。这种从少量样本数据中推断出总体的特征的理论依据就是大数定律和中心极限定理[37]。

大数定律首先由瑞士物理学家和数学家伯努利(Berronlli)在他的著作《推测术》中提出并给出了证明，这本书出版于伯努利去世后的1713年。伯努利发现在保持试验条件不变的情况下，当实验次数 n 足够多时，其随机事件发生的频率近似地等同于该事件发生的概率，这就是伯努利大数定律。

大数定律本质上是一种数学极限定理。当一个统计样本中随机变量的数量 n 取足够大的时候，这 n 个随机变量的算术平均值将逐渐地收敛于其理论均值或称总体平均值(也叫数学期望值)。大数定律反映偶然性中包含必然性的规律[37]。

例如，在一个黑盒子里面装有大小和质地一样的 x 个白球和 y 个黑球。这时随机地从盒子中抽出一球(意指各球有同等可能被抽出)，则“抽出的球为白球”这一事件 A 的概率 $p=x/(x+y)$。但是，并不知道 x、y 的具体数值，所以理论值 p 也是未知的。在这种情况下，我们可以反复从此盒子中抽球(每次抽出记下其颜色后再放回盒子中)。如果抽了 N 次，发现白球出现了 m 次，则用 m/N 去估计 p。这个估计值含有一定的误差，当抽取次数 N 越大时，其误差一般会缩小。

大数定律说明当抽取样本的大小(即样本中个体的数量)N 趋近无穷大的时候，这些个体的数学平均值无限接近于其数学期望值(即总体平均值)[37]。因此，根据大数定律，可以用一个样本的算术平均值来估计总体的均值。大数定律反映了一个包含有大量个体的样本属性和总体属性的关系。它并不关心多个样本平均值的分布状态。

为了使统计结果更可靠，在实际统计工作中需要从总体中随机抽取多个样本来进行分析。抽取的多个样本属性须满足中心极限定理。中心极限定理包两个条件[37]：

① 当抽取的样本大小(即样本中个体的数量)达到 30 以上时，样本的统计平均值约等于总体的平均值（与大数定律相同）；

② 不管总体是什么分布，样本的平均值都会围绕在总体的整体平均值周围呈正态分布。取样次数越多，结果就越接近正态分布；而且样本大小越大，分布就越接近正态分布。中心极限定理说明，在没有办法得到总体全部数据的情况下，可以用样本来估计总体。同时，也可以根据总体的平均值和标准差来判断某个样本是否属于总体。

8.2　统计步骤和统计特征值

大数定律和中心极限定理为数理统计结果应用于概率论中建立了连接的纽带。根据大数定律和中心极限定理，可以用统计样本的特征值来估计总体的特征，其统计步骤可分为以下 3 步：

(1) 选取统计样本

在统计空间物理和空间天气现象和规律时，需要根据空间物理过程的变化时间尺度来选择统计样本数。如果想要获得辐射带高能粒子数随短期的磁暴或亚暴活动的变化，只需要取几年的测量数据，然后把不同的样本数划分到不同大小的 *D*st 网格或 AE 网格中作为统计样本；如果统计辐射带高能粒子通量随太阳活动周期(黑子数变化周期为 11 年)的长期变化，至少需要抽取 2 个以上的太阳活动周期(22 年以上)的太阳黑子样本数和地球辐射带高能粒子通量的样本数来做统计。

(2) 计算样本的平均值或中值

一旦选择好统计样本以后，还需要根据不同的空间天气指数(如太阳黑子数、F10.7 射电通量、太阳风动压力、行星际磁场方向、地磁磁情指数(*K*p)、磁暴指数(*D*st)、亚暴指数(*AE*)和极盖指数(PC)等)将空间探测数据进行分类，并把数据划分到特定的统计网格中，最后再计算每个统计网格中样本数据的统计平均值。根据中心极限定理，样本的平均值可以近似描述总体平均值。

对于一组相同符号的样本数据(同为正数或负数)，而且不同样本(个体)在样本总体中所占的权重相同，可以直接计算它们的算数平均值来反映其统计特征性质。N 个样本数 x_i 的算术平均值为：

$$\bar{x} = \frac{1}{N}\sum_{i=0}^{N-1} x_i \tag{8.1}$$

利用 IDL 程序把观测样本数据定义为一个数组 array，然后通过 mean (array[*])就可以求出样本的算数平均值。此外，在考虑其他因素对统计物理量的影响时，需要计算样本数的加权平均值。大数定律说明，当样本中的个体数量 N 趋近无穷大的时候，样本的平均值无限接近数学期望值(总体平均值)。

当不同的样本(个体)在样本总体中所在的权重不同时，就不能简单地计算样本数的算术平均值作为总体的特征参数。在此种情况下，需要将每个样本数值乘以它所在总体中所占的比重（即权重），然后求和并除以其样本数，即可得到所有样本的加权平均值。例如，某同学在《空间探测数据处理方法》课程学习过程中获得平时作业成绩 90 分、实验成绩 85 分、期末笔试成绩 94 分。如果各科目在该课程期末总成绩中所占比重分别是 20%、30%和 50%，那么该同学最后获得的加权平均分为：95×20%＋80×30%＋94×50%＝90（分）。但以上三个科目成绩的算术平均值为：(90＋80＋94)/3＝88（分），后者并不合理。

加权平均值也常用到空间探测数据的统计研究中。例如，在统计卫星测量的宽频等离子体层嘶声（plasmaspherci hiss）的传播角时，波功率或幅度较大的波的传播角比功率小的波的传播角更有效，因此需要采用波强度（即幅度）对传播角的加权平均值来给出不同空间位置上波的传播性质[38]。

由于算术平均值是通过计算样本全部数据的平均数得到的，所以它容易受到样本数据中一些极端数值的影响。当一组统计数据中包含有一个与其他数值相差 2 个数量级以上的极端数值时或者当统计数据中包含有正负数值时，就不能简单地计算这组数据的算术平均值来反映它们的平均水平了，其标准偏差过大。例如，样本数据中包含极值情况：

```
IDL > a = [1.0,5.0,8.0,200.0,15.0,11.0,13.0]
IDL > y = mean(a[ * ])
IDL > z = stddev(a[ * ])
IDL > print,y,z
      36.1429       72.4118 ;平均值小于误差,该结果不合理
```

例 2，样本数据中包含负值情况：

```
IDL > IMF_Bz = [4.19,1.11,8.04,5.6,0.98, - 7.50, - 2.28, - 14.82, - 8.48, - 5.76, - 8.34, - 3.62]
IDL > Average_Bz = mean(IMF_Bz[ * ])
IDL > Bz_error = stddev(IMF_Bz[ * ])
IDL > print,Average_Bz,Bz_error
     - 2.57333        6.77639    ;平均值小于误差,该结果不合理
```

以上计算结果说明，对于由正负数组成的样本数（譬如行星际磁场三分量）或数值相差很大的统计数据来说，其样本数据的统计平均值并不能很好地代表样本数据的统计特征，需要采用样本中值来衡量样本数据的平均大小。中值的计算和评估方法将在 8.3 节中详细介绍。

(3) 计算样本的标准偏差和标准分

样本的样本方差或标准偏差可以用来衡量样本数值在整体变化过程中偏离平均值的幅度（即波动大小）。如果计算的方差或标准偏差越小，说明每个样本数偏离其平均值就越小，其统计平均值就越具有代表性。如果方差或标准偏差越大，说明样本数据的波动较大，其统计平均值越不可靠。两组样本数的平均值可能相同，但它们的方差或标准偏差可能并不一样。

样本方差（Variance）又叫样本均方差（mean square error），它是每个样本数据与其平均值离差平方的平均数。其计算公式为：

$$\Delta x = \frac{1}{N-1}\sum_{i=0}^{N-1} (x_i - \bar{x})2 \tag{8.2}$$

IDL 提供了 variance(array, dimension＝value) 函数来计算一组样本数据的方差。虽然

方差的大小能够很好地说明的统计平均值的好坏，但是方差的单位是样本单位的平方。因此，方差大小来并不能很好地反映出样本数据的波动范围。

与样本方差不同，标准偏差作为方差的算术平方根，它和样本数据具有相同的单位，所以通常用标准偏差来估计样本数据的波动范围。标准偏差 σ 的计算公式为：

$$\sigma = \sqrt{\frac{1}{N-1}\sum_{i=0}^{N-1}(x_i-\bar{x})2} \tag{8.3}$$

一组样本数据的标准偏差可以用 IDL 函数 stddev(array, dimension = value)计算出来。标准偏差反映一个数据集的离散程度(即衡量数据在数据集中的波动大小)。标准偏差越大，波动越大，平均数相同的，标准偏差未必相同。

为了反映一个样本值在一组数集中的相对位置(即某个数值距离平均值多少倍标准差)，需要计算该样本的标准分。如果已知一组样本数 x_i 的平均值 $\bar{x}$ 和标准偏差 σ。则其标准分为[39]：

$$z=\frac{x_i-\bar{x}}{\sigma} \tag{8.4}$$

$z=0$，说明这个样本数值等于平均值；$z>0$，说明这个数值大于平均值，$z<0$，说明这个数值小于平均值。标准分通常用于学生的成绩分析管理中。例如分析某位同学的考试成绩在全班成绩中所处的位置，或分析该同学在同一科目多次考试成绩的升降程度等。此外，标准分也广泛应用于产品质量管理，通过标准分判断一个样本数据偏离标准多大程度，从而检测出偏离平均值 6 倍标准差之外的次品[39]。

8.3　中值和四分位数

标准分可以描述一个样本数值偏离平均值的相对位置。为了描述一组数集的整体分布状态，还需要考察样本数据的中值和四分位数。中值在统计学上也叫中位数或二分位数，它可以用来反映不同样本数值跨度较大(譬如相差 1 个数量级以上)或包含正负数值的一组数据的平均情况[39,40]。求解中值就是把一组观测数据从小到大的顺序排列后，如果数据的个数是奇数，则位于中间那个数据就是这群数据的中位数；如果数据的个数是偶数，则位于中间位置上的那两个数据的算术平均值就是这群数据的中位数。

8.3.1　中值计算方法

(1) 排序求解法

用 sort 函数将样本数据 $X_1, X_2, \cdots X_n$ 按从小到大的顺序排列起来形成新的数组 $X_i, X_j, \cdots X_k$。当 N 为奇数时，则观测数据的中位数 $M=X_{(N+1)/2}$；当 N 为偶数时，则观测数据的中位数 $M=[X_{(\frac{N}{2})}+X_{(\frac{N}{2}+1)}]/2$。

(2) 函数求解法

数据不用排序，可以直接使用 IDL 函数 median(array[*])求出一组观测数据的中值。Median 函数的计算结果与奇数(N)个样本数的中位数 M 是一样的。但是，Median 函数的计算结果与偶数(N)个样本数的中位数 M 不完全相同，它们之间相差一个很小的值，需要在 median 函数中加上关键字/even 才一样。

◇ **语法格式**

```
result = median(array {,width,/double,dimension = value,/even})
```

例如：

```
IDL > print, median([1,2,3,4],/even)
      2.50000
IDL > print, median([1,2,3,4])
      3.00000
```

8.3.2 中值的用途

① 由于中值不受个别极端数值的影响，所以中值能很好地反映一组包含个别极端数值的样本数的平均水平。

例如：

```
IDL > a = [1.0,5.0,8.0,200.0,15.0,11.0,13.0]
IDL > a_median = median(a[ * ])
IDL > print,a_median
      11.0000       ;中值不受个别极端数值的影响
```

② 由于数据排序后直接取中值可以避免正负数值相互抵消的缺点，所以中值也能够很好地反映一组由正数和负数组成的统计数据的平均水平。

例如：

```
IDL > IMF_Bz = [4.19,1.11,8.04,5.6,0.98, - 7.50, - 2.28, - 14.82, - 8.48, - 5.76, - 8.34, - 3.62]
IDL >  N = n_elements(IMF_Bz[ * ])
IDL > print,N
           12
IDL > Bz_median = median(IMF_Bz[ * ],/even);偶数格样本值，使用 median 函数要带关键字/even
IDL > print,Bz_median
      - 2.95000
IDL > Bz_median = median(IMF_Bz[ * ]);不正确
IDL > print,Bz_median
      - 2.28000
```

8.3.3 四分位数计算方法

与中位数的计算方法类似，如果把一组数据由小到大排列并分成四等份，那么处于 1/4、1/2 和 3/4 三个分割点位置的数值就是四分位数。显然，中间的四分位数就是中值，因此通常所说的四分位数是指处在 25%位置上的数值(称为下四分位数)和处在 75%位置上的数值(称为上四分位数)[39,40]。利用 IDL 计算四分位数的步骤为：

第一步、定义一个元素个数为 N 的数组 $x=$array(N)来读取统计样本数据，并计算样本数据四分位数的位置。设下四分位数、中位数和上四分位数的位置分别为Q_1、Q_2 和Q_3，则有：

$$Q_1=(N+1)/4 \tag{8.5}$$

$$Q_2=(N+1)/2 \tag{8.6}$$

$$Q_3=3(N+1)/4 \tag{8.7}$$

第二步、根据四分位数位置计算四分位数在数组 x 中的下标即可获得各个元素数值。

当$(N+1)/4$为整数,则根据四分位数的位置获得四分位数在数组 x 中的下标为:Q_1-1、Q_2-1 和Q_3-1。下四分位数的数值为 $x_1=x[Q_1-1]$,上四分位数的数值为 $x_3=x[Q_3-1]$。例如:

```
; ============================================================================
pro Median_and_Quartile_of_a_set_of_data
  IMF_Bz = [4.19,1.11,8.04,5.6,4.96,7.32,0.98, - 7.50, $
     - 2.28, - 14.82, - 8.48, - 5.76, - 8.34, - 3.62, - 3.56]
  N = n_elements(IMF_Bz[ * ])
  print,N ;N = 15 is odd number
  ;Set the elements of Array in ascending order
  sequence_index = sort(IMF_Bz[ * ])
  Bz_sequcence = IMF_Bz[sequence_index]
  print,Bz_sequcence
  ;Calculate the median of the Array in ascending order
  Bz_median = Bz_sequcence[(N + 1)/2 - 1] ;   for the odd number N
  print,Bz_median
  Bz_mean = mean(IMF_Bz[ * ])
  error = stddev(IMF_Bz[ * ])
  Bz_median1 = median(IMF_Bz[ * ])
  print,' Bz_mean = ',Bz_mean,' error = ',error,' Bz_median1 = ',Bz_median1
  ;Calculate the quartile of the Array in ascending order
  Q1 = (N + 1)/4   ;The location of lower quartile from 1
  Q2 = (N + 1)/2    ;The location of median from 1
  Q3 = 3 * (N + 1)/4 ;The location of upper quartile from 1
  print,Q1,Q2,Q3
  ;Q1 = 4    &      Q2 = 8   &   Q3 = 12
  Q1_Bz = Bz_sequcence[Q1 - 1]    ;Lower quartile
  Q2_Bz = Bz_sequcence[Q2 - 1]    ;Q2 is the median of all elements
  Q3_Bz = Bz_sequcence[Q3 - 1] ;Upper quartile
  print,Q1_Bz,Q2_Bz,Q3_Bz
end
; ============================================================================
```

当$(N+1)$不是 4 的整数倍时,按上述分式计算出来的四分位数位置就带有小数,这时,有关的四分位数就应该是与该小数相邻的两个整数位置上的标志值的平均数,权数的大小取决于两个整数位置距离的远近,距离越近,权数越大,距离越远,权数越小,权数之和等于 1。

例如:

```
; ======================================================================================
pro Median_and_Quartile_of_a_set_of_data1
  IMF_Bz = [4.19,1.11,8.04,5.6,4.96,7.32,0.98, - 7.50, - 2.28, - 14.82, $
  - 8.48, - 5.76, - 8.34, - 3.62, - 3.56, - 7.31, - 8.35, - 9.70]
  N = n_elements(IMF_Bz[ * ])
  print,N ;N = 18 is even number
  ;Set the elements of Array in ascending order
  sequence_index = sort(IMF_Bz[ * ])
  Bz_sequcence = IMF_Bz[sequence_index]
  print,Bz_sequcence
  print,Bz_sequcence[N/2 - 1],Bz_sequcence[N/2]
  ;Calculate the median of the Array in ascending order
  Bz_median = (Bz_sequcence[N/2 - 1] + Bz_sequcence[N/2])/2.0
  ;for the even number N
  print,Bz_median
  Bz_mean = mean(IMF_Bz[ * ])
  error = stddev(IMF_Bz[ * ])
  Bz_median1 = median(Bz_sequcence[ * ])
  print,'Bz_mean = ',Bz_mean,'    error = ',error,'    Bz_median1 = ',Bz_median1
  ;Calculate the quartile of the Array in ascending order
  Q1 = (N + 1)/4.0     ;The location of lower quartile from 1
  Q2 = (N + 1)/2.0     ;The location of median from 1
  Q3 = 3 * (N + 1)/4.0 ;The location of upper quartile from 1
  print,Q1,Q2,Q3
  ;Q1 = 4.74    &      Q2 = 9.5   &   Q3 = 14.25
  print,fix(Q1),fix(Q2),fix(Q3)
  print,round(Q1),round(Q2),round(Q3)
  Q1 _ Bz = 0. 25 * Bz _ sequcence [ fix ( Q1 ) - 1] + 0. 75 * Bz _ sequcence [ round ( Q1 ) - 1]     ;
Lower quartile
  Q2_Bz = 0.5 * Bz_sequcence[fix(Q2) - 1] + 0.5 * Bz_sequcence[round(Q2) - 1]
;Q2 is the median of all elements
  Q3_Bz = 0.75 * Bz_sequcence[fix(Q3) - 1] + 0.25 * Bz_sequcence[round(Q3)]
  ;Upper quartile
  print,Q1_Bz,Q2_Bz,Q3_Bz
end
; ======================================================================================
```

一旦获得了一组样本数的中值和四分位数,可以通过画箱线图来比较中值离上、下四分位数远近,从而判断统计样本数据主要集中在那个数据段之间,也可以识别出数据中的异常值[40]。中度异常范围为:$[Q_1-1.5(Q_3-Q_1)\ ,\ Q_3+1.5(Q_3-Q_1)]$;极度异常范围为:$[Q_1-3(Q_3-Q_1),\ Q_3+3(Q_3-Q_1)]$。异常值的处理方式:(1)异常值可能是被错误标记记录的数据值,可以在数据分析之前将其修正;(2)异常值有可能是被错误包含在数据集中的值或人工填充的错误数据,将其删除;(3)异常值可能是一个反常的数据值,被正确记录到数据集里面了,这种情况下应该保留它[40]。此外,中值和四分位数的箱线图也常用来比较不同类别数据的整体情况。例如,比较不同城市中企业管理数据分析师的薪酬情况等。

8.4 数据相关性分析

虽然统计平均值、标准偏差、标准分、中值和四分位数可以大体反映出样本数据的波动水平或分布状态,但这对于空间探测数据的科学分析和应用来说还远远不够。在分析空间天气扰动事件或规律时,还需要考虑不同探测物理量之间的变化规律和关联性。任意两组探测数据之间可能存在内在关联性,也可能完全没有关系。

8.4.1 两组探测数据点分布形状及其关系

图 8.1 显示了两组探测数据点的几种可能分布形状:(a)完全正线性相关、(b)完全负线性相关、(c)非线性相关、(d)正线性相关、(e)负线性相关、(f)不相关。其中,完全正线性相关和完全负线性相关的数据点全部分布在同一条直线上,它们满足一个确定的函数关系式,即 $y=f(x)$。但是,在实际的科学实验和测量过程中,总是存在着系统误差或测量误差(ε)。随机误差(ε)的存在使得实际探测的两组数据分布在函数线(直线或曲线)的周围(如图 c－e 所示),即 $y=f(x)+\varepsilon$。此外,任意的两组实验和探测数据之间可能完全没有任何关系,因此它们的数据点分布没有任何规律性(如图 f 所示)。

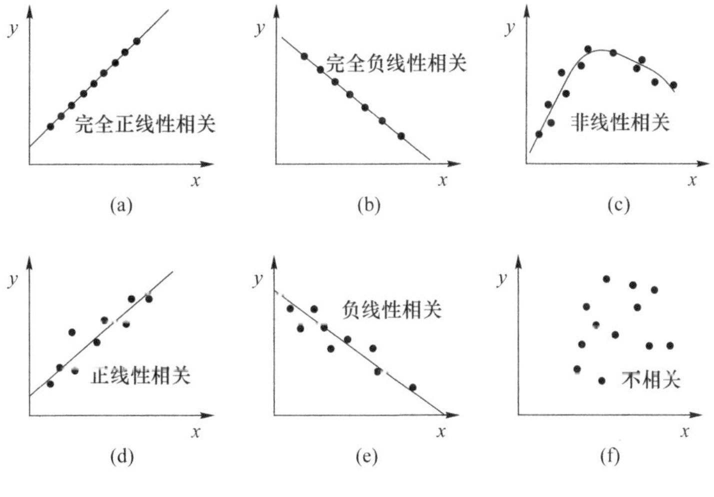

图 8.1　两种观测数据之间可能存在的关系
(https://zhidao.baidu.com/question/211439126.html)

8.4.2 相关关系分类

① 按照相关程度不同,可以分为完全相关、不完全相关和不相关。

◇ **完全相关**:一个现象的数量变化完全由另一个现象的数量变化所决定的依存关系。

◇ **不完全相关**:介于完全相关与相关之间。大多数观测数据是不完全相关。

◇ **不相关**:两个现象的数量变化各自独立,互不影响。

② 按照相关关系涉及的变量多少,可分为单相关和复相关。

◇ **单相关**：也称为一元相关，指两个变量之间的相关关系；

◇ **复相关或多元相关**：三个或三个以上变量之间的相关关系。在复相关中，如果将其他的自变量固定不变而只研究因变量与其中某一个自变量之间的相关关系，这种相关关系称为偏相关。

③ 按照相关关系的表现形式不同，可分为线性相关与非线性相关。对于一元相关，即为直线相关和曲线相关。

◇ **线性相关**：指的是变量之间呈线性关系，如果记自变量为 $x_1, x_2, \cdots\cdots, x_p$，因变量为 y，则下面相关形式即为"线性"关系式：

$$y = a_0 + a_1 x_1 + a_2 x_2 + \cdots + a_p x_p + \varepsilon \tag{8.8}$$

对于直线相关，意味着两个相关现象的数据在坐标上描点后近似表现为一条直线。

◇ **非线性相关**：指变量之间呈非线性关系，其形式多种多样，下面两式均属于非线性相关：

$$y = a_0 + a_1 x_1^2 + a_2 x_2^2 + \cdots + a_p x_p^2 + \varepsilon \tag{8.9}$$

$$y = a_0 + a_1 lnx_1 + a_2\ lnx_2 + \cdots + a_p lnx_p + \varepsilon \tag{8.10}$$

……

对于曲线相关，意味着两个相关现象的数据在坐标上描点后近似为抛物线、双曲线、指数曲线等。

④ 对于单相关，按照现象数量变化的方向不同，可分为正相关和负相关。

◇ **正相关**：当一个观测变量的数值增加(或减少)时，另一个变量的数值也随之增加(或减少)，即同方向变化。

◇ **负相关**：当一个观测变量的数值增加(或减少)时，而另一个变量的数值相反地呈减少(或增加)趋势变化，即反方向变化。

8.5 相关系数和相关程度

相关系数是表征两个变量之间相关关系密切程度的统计指标。两组观测变量 x 和 y 各有 N 个元素，其样本线性相关系数为：

$$r = \frac{\frac{1}{N-1}\sum_{i=0}^{N-1}(x_i - \langle x_i \rangle)(y_i - \langle y_i \rangle)}{\sqrt{\frac{1}{N-1}\sum_{i=0}^{N-1}(x_i - \langle x_i \rangle)}\sqrt{\frac{1}{N-1}\sum_{i=0}^{N-1}(y_i - \langle y_i \rangle)}} \tag{8.11}$$

r 的取值介于 -1 与 1 之间。当 $r>0$ 时，x 和 y 为正相关；当 $r<0$ 时，x 和 y 为负相关。$|r|$ 的数值愈接近于 1，表示 x 和 y 线性相关程度愈高。具体判断标准为：$|r|<0.3$ 称为微弱相关或不相关；$0.3\leqslant |r|<0.5$ 称为低度相关；$0.5\leqslant |r|<0.8$ 称为显著相关；$0.8\leqslant|r|<1$ 称为高度相关或强相关。如果 $|r|=1$，则表明 x 和 y 完全线性相关，当 $r=1$ 时，称为完全正相关，而 $r=-1$ 时，称为完全负相关。

在 IDL 中，调用 Correlate 函数可以计算两个数据序列的线性皮尔逊(Pearson)相关系数或计算一个二维数组(m，n)的相关系数矩阵。作为可选项之一，该函数也可以计算两个向量之间的协方差或计算一个二维数组(m，n)的协方差矩阵。

◇ **语法格式**

```
result = correlate (x {,y,/covariance,/double})
```

◇ **输入数据**

x 是一个向量或二维数组(m,n)，且它的每个元素应该是些整数、单精度或双精度数。

y 是一个整数、单精度或双精度数向量；如果 x 是二维数组(m,n)，则不需要 y。

◇ **关键字**

/covariance：设置这个关键字使 correlate 函数将返回样本的协方差而不是相关系数。

/double：强制执行双精度计算和输出。

例如，

```
IDL> x = [65, 63, 67, 64, 68, 62, 70, 66, 68, 67, 69, 71]
IDL> y = [68, 66, 68, 65, 69, 66, 68, 65, 71, 67, 68, 70]
IDL> print,correlate(x,y)
% Compiled module: CORRELATE.
     0.702652
IDL> print,correlate(x,y,/covariance)
       3.66667
IDL> a = transpose([[x],[y]])
IDL> print,correlate(a)
       1.00000       0.702652
     0.702652        1.00000
```

◇ **注意事项**

① 线性相关系数 r 表征两个变量之间线性相关程度。$r=0$ 只表明两个变量之间不存在线性关系，并不能说明它们是不相关的。两个线性相关系数很小的变量之间可能存在一种非线性相关。

② 对于能用非线性数学曲线拟合的两个变量 x 和 y，也可以用线性相关系数来评估它们之间的非线性相关关系。其方法为：

第一步，根据观测数据点的分布形状寻找一种具有相似曲线形状的非线性数学函数，譬如：

$$y=a_0+a_1x_1^2+a_2x_2^2+\cdots+a_px_p^2+\varepsilon \tag{8.12}$$

$$y=a_0+a_1 lnx_1+a_2 lnx_2+\cdots+a_p lnx_p+\varepsilon \tag{8.13}$$

……

第二步，再利用 correlate 函数计算 y 和 x^2 或 $\ln x$ 的线性相关系数。计算相关系数的 IDL 函数由表 8.1 给出。

表 8.1　相关系数的计算函数

correlate(x,y)	计算线性皮尔性相关系数
A_correlate(x,y)	计算自相关系数
C_correlate(x,y)	计算交叉相关系数

续表 8.1

M_correlate(x,y)	计算一个因变量和两个或多个自变量的多重相关系数
P_correlate(x,y)	计算部分相关系数
P_correlate(x,y)	计算等级相关性

8.6 数据拟合方法

当一组观测数据(可以是一个变量或多个变量)和另外一组观测数据之间存在较高的相关性(即相关系数较大)时,需要根据观测数据点的分布特征选择一种合理的数学函数来拟合观测数据。这种根据样本数据点分布形状获得其拟合函数的过程也称作回归分析[41]。

8.6.1 回归分析步骤

第一步:从一组样本数据出发,确定变量之间的数学关系式。根据一组数据列表[x_i, y_i],生成一个数学模型 $f(x)$,确定模型参数和误差标准。对于曲面拟合数据形式[x_i, y_i, z_i],则其拟合函数为 $f(x, y)$。

第二步:对回归分析模型进行评价与诊断。得到具体的回归方程以后,要对其进行统计检验。例如,采用 t 值、F 值、标准差等对回归方程的代表性及拟合程度进行评价[37,41]。

第三步:根据给定的自变量数值根据回归方程计算因变量的数值或置信区间。

按自变量多少分为一元回归(一个自变量)和多元回归(两个或两个以上的自变量);按变量相关的形式分线性回归和非线性回归。图 8.2 给出了回归分类。

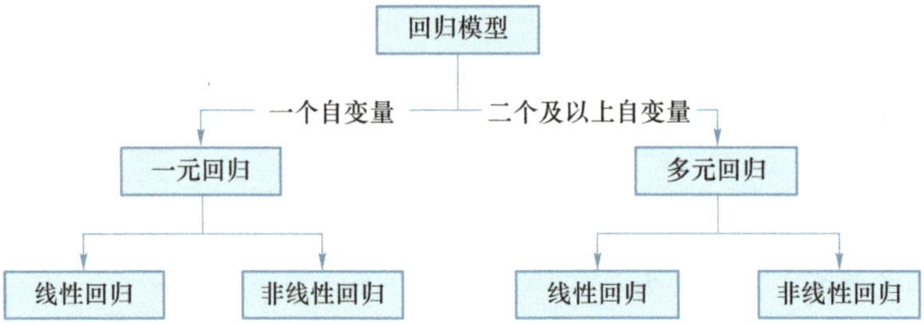

图 8.2 回归分析类别

当只涉及一个自变量时称为一元回归。若因变量 y 与自变量 x 之间为线性关系时称为一元线性回归。对于具有线性关系的两个变量,可以用一个线性方程来表示它们之间的关系。描述因变量 y 如何依赖于自变量 x 和误差项ε的方程称为回归模型。一元线性回归模型可表示为[41]:

$$y=a_0+a_1x+\varepsilon \tag{8.14}$$

其中,a_0 和 a_1 为模型的参数,又称回归系数。ε 为随机误差项,又称随机干扰项,表示除能用 x 和 y 之间线性关系解释的因素外的其他随机因素对 y 的影响。

误差项 ε 是一个不可观测的且期望值为 0 的随机变量,即 $E(\varepsilon)=0$。对于一个给定的 x 值,y 的期望值为:

$$E(y)=a_0+a_1x \tag{8.15}$$

由于 ε 为随机因素不可观测，其期望值为 0，所以通常用 y 的数学期望 $E(y)$ 作为 y 的估计，即：

$$y_e = a + bx \tag{8.16}$$

通过样本的分析可以求出 a 和 b，从而得到一元线性回归方程 $y_e = a + bx$。由该回归方程确定的直线称为回归直线[41]。

拟合回归直线的主要任务是估计待定参数 a 和 b 的值，常用的方法就是最小二乘法，用这种方法求出的回归直线是原始数据的“最佳”拟合直线。最小二乘法的原理是使观测值 y 与估计值 y_e 的离(残)差平方(ε^2)和最小[37,41]：

$$Q(a,b) = \sum_{i=1}^{n}(y_i - y_e)^2 = \sum_{i=1}^{n}(y_i - a - bx_i)^2 = \varepsilon^2(a,b) \tag{8.17}$$

由于 Q 是 a 和 b 的函数，要使它最小，在数学上采用求偏导并令导数为 0 的办法来求解系数 a 和 b：

$$\frac{\partial Q}{\partial a} = -2\sum_{i=1}^{n}[y_i - (a + bx_i)] = 0 \tag{8.18}$$

$$\frac{\partial Q}{\partial b} = -2\sum_{i=1}^{n}[y_i - (a + bx_i)]x_i = 0 \tag{8.19}$$

经整理后，得到方程组：

$$na + b\sum_{i=1}^{n}x_i = \sum_{i=1}^{n}y_i \tag{8.20}$$

$$a\sum_{i=1}^{n}x_i + b\sum_{i=1}^{n}x_i^2 = \sum_{i=1}^{n}x_i y_i \tag{8.21}$$

于是得到：

$$b = \frac{n\sum_{i=1}^{n}x_i y_i - \sum_{i=1}^{n}x_i\sum_{i=1}^{n}y_i}{n\sum_{i=1}^{n}x_i^2 - \left(\sum_{i=1}^{n}x_i\right)^2} = \frac{\sum_{i=1}^{n}(x_i - \bar{x})(y_i - \bar{y})}{\sum_{i=1}^{n}(x_i - \bar{x})^2} \tag{8.22}$$

$$a = \frac{\sum_{i=1}^{n}y_i}{n} - b\frac{\sum_{i=1}^{n}x_i}{n} = \bar{y} - b\bar{x} \tag{8.23}$$

根据方程 8.22 和 8.23，利用两组实测的观测数据 x_i 和 y_i，可以求出它们的平均值 $\bar{x}$ 和 $\bar{y}$，从而获得常数 b 和 a。不过，它们只适合求解一元线性方程的系数。求解复杂的多元非线性方程的系数，需要调用 IDL 拟合函数。

8.6.2　数据拟合方法

IDL 提供了许多函数来拟合不同数学方程的系数。下面介绍在数据分析中常用的几种函数。

(1) linfit 函数

linfit 函数通过最小化卡方误差统计，将配对数据 $\lfloor x_i, y_i \rfloor$ 匹配到线性模型 $y = a + bx$。相关的算法由方程 8.18 - 8.24 给出。

◇ **语法格式**

result = linfit(x, y{, chisqr = variable, covar = variable1, measure _ errors = vector, prob = variable2, sigma = variable3, yfit = variable4, /double})

◇ **返回值**:result 是一个包含线性方程系数的一维数组[a, b]。

表 8.2 linfit 函数输入参数和关键字

输入参数或关键字	功 能
x,y	输入的两组数据,它们是包含相同数据个数的两种测量数
chisqr=variable	该关键字设置成一个用户命名的变量 variable,该变量将包含未约简卡方拟合优度统计量的值
covar=variable1	该关键字设置成一个用户命名的变量 variable1,包含系数协方差矩阵。covar 矩阵只依赖于自变量 x 和 measure re_errors(可选)。这些值不依赖于 y
measure_errors=vector	将此关键字设置为包含每个点 $x[i]$ 的标准测量误差的向量,该向量的长度必须与 x 和 y 相同。对于高斯误差(如仪器不确定性),measure_errors 应设置为 y 中每一点的标准差。对于泊松或统计加权,measure_errors 应设置为 sqrt(abs(y))
prob=variable2	将此关键字设置为一个用户命名的变量 variable2,该变量将包含计算的拟合值为 chisq 或更大的概率。如果 prob 大于 0.1,则模型参数"可信"。如果 prob 小于 0.1,模型参数的精度就有问题
sigma=variable3	将此关键字设置为一个用户命名的变量 variable3,该变量将包含返回参数的 1 西格玛不确定性估计值。注意:如果 measure re_errors 被省略,那么您假设一条直线是数据的正确模型,因此,不可能进行独立的适合度测试。在这种情况下,返回的值乘以其中 N 是 x 中的点的个数,M 是系数的个数
yfit=variable4	将此关键字设置为一个用户命名的变量 variable3,该变量将包含计算 y 值的向量
/double	使用双精度算进行计算

例如,对于两组测量数据,先检测它们之间的线性相关系数。如果存在线性相关,则计算线性方程系数 a 和 b,并自动拟合测量数据,其测量和拟合结果如图 8.3 所示。

```
;==========================================================================================
pro linfit_fitting
  ; Define two n-element vectors of paired data:
  x= [-3.20, 4.49, -1.66, 0.64, -2.43, -0.89, -0.12, 1.41, 2.95, 2.18, 3.72, 5.26]
  y= [-7.14, -1.30, -4.26, -1.90, -6.19, -3.98, -2.87, -1.66, -0.78, -2.61, 0.31,
1.74]
  print,correlate(x,y)
  ; Define an n-element vector of Poisson measurement errors:
  measure_errors = sqrt(ABS(y))
  ; Compute the model parameters, A and B, and print the result:
 result = linfit(x,y,measure_errors = measure_errors,yfit = fitted_y_value)
  print, result
  p1 = plot(x,y,"r4D",dimensions = [600,500], $ ;ouput in next line
```

```
    margin = [0.12,0.12,0.1,0.1],xtitle = '!8x!X',ytitle = '!8y!X',font_size = 11)
  p2 = plot(x,fitted_y_value,thick = 2,/overplot)
  t1 = text(0.2,0.8,'cc  =  0.94',target = p1,color = 'r',font_size = 11)
  t2 = text(0.2,0.75,'!8y!X  =   - 3.17  +  0.83!8x!X',target = p1,color = 'k',font_size = 11)
end
; ================================================================================
```

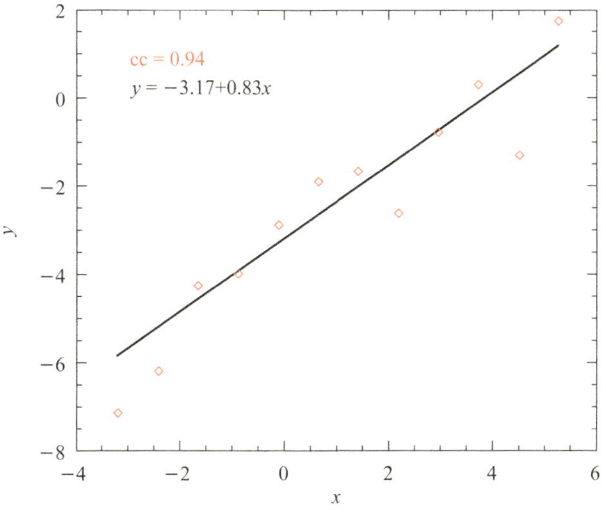

图 8.3　测量数据点(红色菱形)的线性相关系数(CC)和拟合直线

linfit 函数适合拟合两组测量数据点比较集中且线性相关程度比较高的物理量。当测量数据中存在着少数严重偏离大多数数据点分布的边沿数据时，使用卡方误差统计方法会受到边缘数据的影响，最终导致 linfit 函数并不能很好地拟合观测数据。此时，需要使用 ladfit 函数来拟合数据。

(2) ladfit 函数

ladfit 函数使用最小绝对偏差方法将配对数据[x_i, y_i]匹配到线性模型 $y=a+bx$。

◇ 语法格式

```
result = ladfit(x,y {,absdev = variable,/double})
```

◇ **返回值**：result 是一个包含线性方程系数的一维数组[a, b]。

表 8.3　ladfit 函数输入参数和关键字

输入参数或关键字	功　能
x,y	输入的两组数据，它们是包含相同数据个数的两种测量数
absdev—variable	将此关键字设置为一个已命名变量，该变量将包含结果和 Y 的绝对偏差的平均值
/double	使用双精度算进行计算

例如，在下列事例中，使用实测的太阳风动压和行星际磁场 Z 分量来计算地球磁层顶在日下点的位置(r_0)，并分析它们对地磁水平分量(H_{SYM})的影响。图 8.4 比较了 linfit 和 ladfit

的拟合结果。

```
;=================================================================================
pro ladfit_fitting
  file='D:\Space data\all_data_variances_after_sortting_time.txt'
  openr,lun,file,/get_lun
  goesdat=dblarr(21,260)
  readf,lun,goesdat
  free_lun,lun
  ;---------------------------------------------------------------------------------
  yearday=fltarr(260)
  for i=0, 259 do begin
    yearday(i)=goesdat[0,i]*365.0+goesdat[1,i]
  endfor
  r0=goesdat[11,*]
  Hsym=goesdat[10,*]
  ;---------------------------------------------------------------------------------
  ;linfit with a minimized Chi-square error criterion
  r0_Hsym=correlate(r0,Hsym)
  print,r0_Hsym
  linearfunction=linfit(r0,Hsym,measure_errors=measure_errors, $
    yfit=fitted_H_value,/double)
  print,r0_Hsym
  print,linearfunction
  ;---------------------------------------------------------------------------------
  ;ladfit for the new data sorted into ascending order
  XX = r0[sort(r0)] ;SORT(X) is the new order
  YY = Hsym[sort(r0)]
  cc=correlate(XX,YY)
  print,cc
  ; Compute the model parameters, A and B:
  ;ladfit with a "robust" least absolute deviation method
  a_b=ladfit(XX, YY,/double)
  print,a_b
  Hsymfit=fltarr(201)
  r0fit=fltarr(201)
  ;---------------------------------------------------------------------------------
  for i=0,200 do begin
    r0fit(i)=0.7*i
    Hsymfit(i)=a_b[0]+a_b[1]*r0fit[i]
  endfor
  ;---------------------------------------------------------------------------------
  p1=plot(r0,Hsym,dimensions=[800,600],margin=[0.13,0.13,0.08,0.08], $
    xtitle='!8r!X!D0!n (R!DE!n)',ytitle='!8H!X!DSYM!n (nT)', $
"r4D",xstyle=1,xminor=5,xrange=[7.0,13.0], $
```

```
    ystyle = 1,yminor = 5,yrange = [ - 30.0,30.0])
  p2 = plot(r0,fitted_H_value, THICK = 2,/OVERPLOT)
  p3 = plot(r0fit,Hsymfit, THICK = 2, color = 'b',/OVERPLOT)
  t1 = text(0.61,0.83,'cc =  - 0.5',target = p1,color = 'r',font_size = 12)
  t2 = text(0.61,0.78,'!8H!X!DSYM!n = 49.3 - 5.12!8r!X!D0!n', $
    target = p1,color = 'k',font_size = 12)
  t3 = text(0.61,0.72,'!8H!X!DSYM!n = 46.07 - 4.73!8r!X!D0!n', $
    target = p1,color = 'b',font_size = 12)
end
; ==============================================================================
```

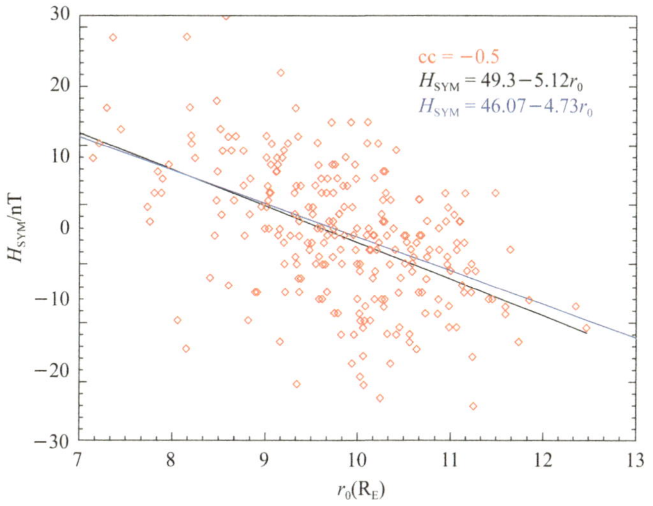

图 8.4　地磁场水平分量(H_{SYM})随日下点磁层顶到地球中心的距离(r_0)的变化。菱形为测量数据，黑色斜线为 linfit 拟合线，而蓝色斜线为 ladfit 拟合线

(3) curvefit 函数

curvefit 函数使用一种梯度展开算法来计算适合用户提供的具有任意数量参数的函数的非线性最小二乘。用户提供的函数可以是任何偏导数或可以近似的非线性函数。

◇ **语法格式**

```
result = curvefit(x,y {,weights,A,sigma,chisq = variable,fita = vector, tol = value,function_name
= string, iter = variabe1,itmax = value,/noderivative,status = variable2, yerror = variable3,/doule})
```

◇ **返回值**:result 返回因变量的数组，由函数 fit 进行拟合。

表 8.4　curvefit 函数输入参数和关键字

输入参数或关键字	功　能
x	n 个元的自变量数组。对于多元方程，x 也可以是 $n\times m$ 或 $m\times n$ 的数组，其中 n 是值的个数，m 是自变量的个数。需要编写 fit 函数来正确解释 X 的维数
y	因变量数组。y 的元素个数必须与用户定义函数返回的 F 相同

续表 8.4

输入参数或关键字	功　能
weights	对于高斯加权，设置加权 si=1.0/standard_deviation(y_i)^2。对于统计(泊松)权重，权值 si=1.0/y_i。对于没有权重的情况，设置 weightsi=1.0。如果权重设置为未定义的变量，则不使用权重。将 weightsi 设置为 0 以不包含在 fit 中
A	与用户提供的函数中项数相同的元素的向量，包含每个参数的初始估计值。返回时，向量 A 包含拟合的模型参数
sigma	一个命名变量，它将包含输出向量 A 的元素的标准偏差向量。注意：如果省略了权重，那么假设提供的模型是数据的正确模型，因此不可能进行独立的拟合优度测试。在本例中，sigma 参数返回的值乘以 sqrt(chisq/(N−M))，其中 N 是 x 数据个数，M 是系数的个数
chisq=variable	variable 变量将包含卡方拟合优度统计量的值，
fita=vector	将这个关键字设置为一个数组，其元素与 a 一样多，其中每个固定参数都包含一个零，而 a 的元素则包含一个非零值来匹配。如果没有提供，则认为所有参数都是非固定的
function_name=string	使用此关键字指定要匹配的函数名称。如果省略这个关键字，curvefit 假设使用 IDL 过程 funct。如果 funct 尚未编译，则 IDL 将从 funct 文件编译该函数.pro，位于 IDL 分发版的 lib 子目录中。函数计算高斯函数和二阶多项式之和。拟合函数必须写成 IDL 过程，并在调用 curvefit 之前编译。该过程必须接受 x(自变量)和 A(拟合函数的初始参数值)的值。它必须返回 F(函数在 x 处的值)和可选的 PDER(偏导数的二维数组)的值。F 的返回值必须具有与 y 相同的元素个数[n_elements(y)，n_elements(A)]
iter=variabel	variabel 变量包含实际执行迭代次数
itmax=value	设置此关键字以指定迭代的最大次数。默认值是 20
noderivative	如果设置了这个关键字，function_name 关键字指定的例程将不会被要求提供偏导数。偏导数由正差曲线求出。如果有分析导数可用，就应该始终使用它们
status=variable2	将此关键字设置为一个用户命名变量 variable2，variable2 可能为 0，1 或 2。0 表示计算成功，1 表示计算失败，2 表示计算未能在 itmax 迭代中收敛
tol=value	使用此关键字指定所需的收敛公差。当一次迭代卡方的相对减少小于 TOL 时，例程返回。默认值是 1.0 x 10^{-3}
yerror=variable3	将此关键字设置为一个命名变量，该变量将包含 yfit 和 y 之间的标准错误

例如，采用 Curvefit 函数使用梯度扩展算法计算非线性最小方差来拟合以确定 $f(x)=a(1-e^{-bx})$ 的系数 a 和 b，使残差平方和最小。

```
; ============================================================================
pro data_fit, x, a, f, pder
;f(x) = a * (1.0 - exp( - bx))
  f = a[0] * (1.0 - exp( - a[1] * x))
;If the procedure is called with four parameters,calculate the partial derivatives.
  if n_params() ge 4 then begin
    pder = fltarr(n_elements(x), 2)
    pder[ * ,0] = 1.0 - exp( - a[1] * x) ;df/da  =  1.0 - EXP( - b * x)
    pder[ * ,1] = a[0] * x * exp( - a[1] * x) ;df/db  =  a  *  x  *  EXP( - b * x)
  endIf
```

```
end
;-------------------------------------------------------------------------------------------
pro curve_fitting_for_single_variable
  X = [0.25, 0.75, 1.25, 1.75, 2.25]
  Y = [0.28, 0.57, 0.68, 0.74, 0.79]
  W = 1.0/Y
  A = [1.0, 1.0]
  yfit = curvefit(X,Y,W,A,sigma_A,status = state,function_name = 'data_fit')
print, A,state
end
; ==========================================================================================
```

程序运行得到方程的系数 a=0.787 386 和 b=1.71 603，则可确定拟合公式为：

$$f(x)=0.787\,386(1-e^{-1.716\,03x}) \tag{8.24}$$

一旦统计获得了两种物理量的因果关系式子，如果能提前获得自变量 x 的状态值，就可以预测因变量 $f(x)$的变化。

利用 curvefit 函数也可以拟合多变量函数。例如，计算下列多元函数的系数，并且拟合 Z，拟合结果由图 8.5 给出。

$$Z=Ax^B+Cxy+Dy^E \tag{8.25}$$

```
; ==========================================================================================
pro mymulticurvefit,XY,A,F,PDER
  X = XY[ * ,0]
  Y = XY[ * ,1]
  F = A[0] * X^A[1] + A[2] * X * Y + A[3] * Y^A[4]
  PDER = [[X^A[1]],[A[0] * X^A[1] * ALOG(X)], $
    [X * Y],[Y^A[4]],[A[3] * Y^A[4] * ALOG(Y)]]
end
; ==========================================================================================
pro mymulticurvefit,XY,A,F,PDER
  X = XY[ * ,0]
  Y = XY[ * ,1]
  F = A[0] * X^A[1] + A[2] * X * Y + A[3] * Y^A[4]
  PDER = [[X^A[1]],[A[0] * X^A[1] * ALOG(X)], $
    [X * Y],[Y^A[4]],[A[3] * Y^A[4] * ALOG(Y)]]
end
;-------------------------------------------------------------------------------------------
pro curve_fitting_for_multiple_variables
  seed  = 1
  n  = 1000
  X  = 2 * randomu(seed,n)
  Y  = 2 * randomu(seed,n)
  XY = [[X],[Y]]
  A = [ - 3,2,5,3,3]
```

```
  noise = randomu(seed, n)
  Z = A[0] * X^A[1] + A[2] * X * Y + A[3] * Y^A[4] + noise
;Provide an initial guess of the function's parameters.
  A = [1d,1,1,1,1]
;Compute the parameters.
  yfit = curvefit(XY,Z,weights, A, $
    function_name = 'mymulticurvefit')
  print,'Function parameters:', A
  ; Plot the original data as scattered points.
  iPlot,X,Y,Z,/SCATTER
  ; Create a 2D surface of the final fit.
  X1 = 2 * findgen(101)/100
  X = rebin(X1, 101, 101)
  Y = transpose(X)
  Z = A[0] * X^A[1] + A[2] * X * Y + A[3] * Y^A[4]
  iSurface,Z,X1,X1,/overplot,xtitle = '!8x!X',ytitle = '!8y!X',ztitle = '!8z!X',charsize = 1.5
end
; ======================================================================================
```

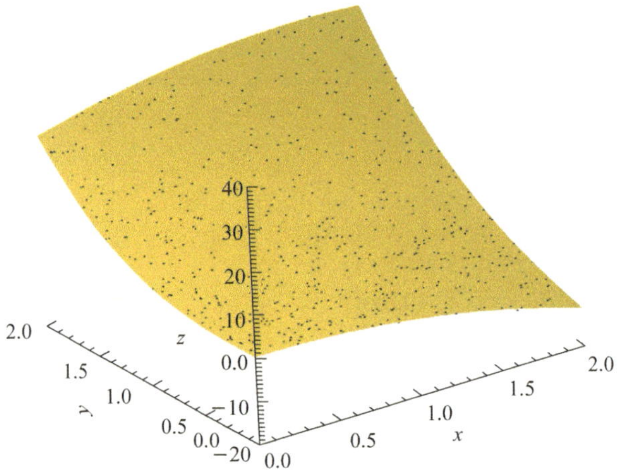

图 8.5　多元函数的拟合结果

(4) svdfit 函数

svdfit 函数对可选误差估计进行最小二乘拟合。可以使用 IDL 语言编写的用户提供的函数或内置的多项式来拟合数据。注意：svdfit 只适用于参数线性无关的函数。要对参数线性相关的函数进行拟合，可以使用 curvefit 或 lmfit 函数。

◇ **语法格式**

result = **svdfit**(x, y{, M, A = vector, chisq = variable, covar = variable1, function_name = string, measure_errors = vector, sigma = variable2, sing_values = variable3, singular = variable4, status = variable5, tol = value, variance = variable6, Yfit = variable7, /legender, /double})

◇ **返回值：** result 返回系数数组。

表 8.5　svdfit 函数输入参数和关键字

输入参数或关键字	功　能
x	n 个元的自变量数组。x 的类型可以是整数、浮点数或双精度浮点数
y	因变量的向量，与 x 的长度相同
M	拟合函数的系数数。对于多项式，M 等于多项式的次数＋1。如果未指定 M 参数，则必须使用 A 关键字提供初始系数估计。在本例中，M 被设置为由 A 关键字指定的数组的元素数量
A	该关键字既是输入关键字，也是输出关键字。将此关键字设置为一个变量，该变量包含拟合函数参数的初始估计值向量。在退出时，svdfit 在这个变量中返回一个系数向量，这些系数是对初始估计的改进。如果提供了 A，则 M 参数将被设置为 A 指定的向量中的元素数量
chisq＝variable	variable 变量包含输出向量 A 的元素的标准偏差向量。注意：如果省略了权重，那么假设提供的模型是数据的正确模型，因此不可能进行独立的拟合优度测试。在本例中，sigma 参数返回的值乘以 sqrt(chisq/($N-M$))，其中 N 是 x 数据个数，M 是系数的个数
covar＝variable1	variable1 变量将包含拟合系数的协方差矩阵。注意：covar 矩阵只依赖于自变量 x 和(可选的)measure_errors。这些值不依赖于 y
function_name＝string	string 字符串包含用户提供的具有 M 个系数的 IDL 基函数的名称。如果省略这个关键字，并且没有设置 legendre 关键字，IDL 假定过程 svdfunct，它位于 lib 子目录中。svdfunct 使用基函数来拟合多项式
measure_errors＝vector	将该关键字设置为包含每个点 y[i]的标准测量误差的向量 vector。这个向量的长度必须与 x 和 y 相等。注：对于高斯误差(如仪器不确定性)，measure_errors 应设置为 y 中每个点的标准差。对于泊松或统计加权，measure_errors 应设置为($\sqrt{y}$)
sigma＝variable2	variable2 变量将包含返回参数的 1－sigma 不确定性估计。注意：如果省略了 measure_errors，则假定多项式(或用户提供的模型)是数据的正确模型，因此，不可能进行独立的拟合优度检验。在本例中，sigma 中返回的值乘以 sqrt(chisq/($N-M$))，其中 N 为 x 中的点数，M 为系数个数
sing_values＝variable3	variable3 变量中返回来自 SVD 的奇异值。已删除的奇异值将被设置为零。
singular＝variable4	variable4 变量将包含返回的奇异值的数量。这个值应该是 0。否则，基函数不能准确地描述数据
status＝variable5	variable5 变量包含计算的状态，0：表示计算成功，大于 0：发现并删除奇异值。status 包含奇异值的个数
tol＝value	将此关键字设置为删除奇异值时使用的公差。对于单精度，默认值是 10^{-5}，对于双精度，默认值是 $2\text{x}10^{-12}$(对于单精度和双精度，这些默认值分别大约是机器精度的 100 和 10000 倍)。将 TOL 设置为较大的值可以删除对解没有贡献的系数，这可能会减少剩余系数的误差
variance＝variable6	variable6 变量将包含每个系数 M 的方差(sigma 平方)
Yfit＝variable7	variable7 变量将包含计算 Y 值的向量
/legende	设置该关键字使用勒让德多项式，而不是 function_name 关键字指定的函数

例如：非线性方程 8.26 中的 y 是 x 的三角函数，其拟合代码和结果如图 8.6 所示。

$$y=A+B\sin\frac{(2x)}{x}+C\cos(4x)^2 \tag{8.26}$$

```
; ==========================================================================
function svdfit_funct,X,M
  return,[[1.0],[sin(2 * X)/X],[COS(4. * X)^2.]]
end
;--------------------------------------------------------------------------
pro svdfit_fitting
  ; Provide an array of coefficients:
  C = [7.77,8.88, - 9.99]
  X = findgen(100)/15.0 + 0.1
  Y = C[0] + C[1] * SIN(2 * X)/X + C[2] * COS(4. * X)^2.
; Set uncertainties to 5 % :
  measure_errors = 0.05 * Y
; Provide an initial guess:
  A = [1,1,1]
  result_a = svdfit(X,Y,A = A,measure_errors = measure_errors, $
    function_name = 'svdfit_funct',sigma = sigma,Yfit = Yfit)
  ; plot the results:
  ;plot,s,Yfit
  p1 = plot(X,YFIT,dimensions = [800,600],"r4D - ", $
    margin = [0.13,0.13,0.08,0.08],xtitle = '!8x!X',ytitle = '!8y!X')
  for I = 0,n_elements(A) - 1 do $
    print, I, result_a[I], sigma[I], C[I], $
    format = '("result_a (",I1,") = ",F7.4," + - ",F7.4," VS.",F7.4)'
end
; ==========================================================================
```

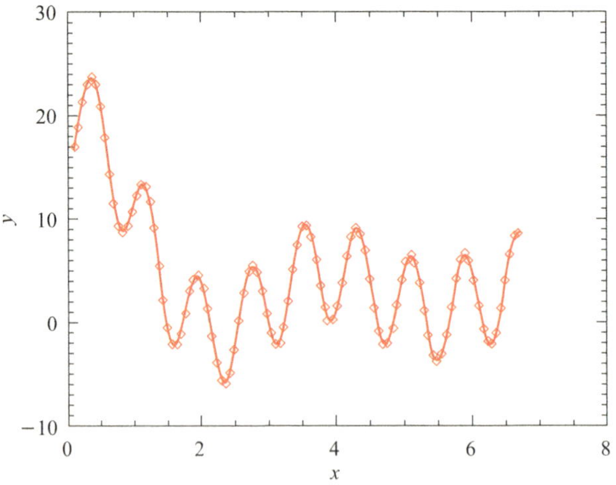

图 8.6 svdfit 拟合的三角函数多项式

(5) poly_fit 函数

poly_fit 函数执行带有可选权重的最小二乘多项式拟合，并返回系数数组。poly_fit 例程使用矩阵反演来确定系数。这个例程的另一个版本 svdfit 使用奇异值分解(svd)。svd 技术更加灵活和稳定，但是可能会更慢。

◇ **语法格式**

```
result = poly_fit(x,y,degree{,chisq = variable,covar = variable,measure_errors = vector,sigma =
variable1,status = variable2,yband = variable3,yerror = variable4,yfit = variable5,/double})
```

◇ **返回值：** result 是一个长度为 Degree+1 的系数数组。

poly_fit 函数的输入参数和大多数关键字跟 svdfit 函数的一样，少数不同关键字由表 8.6 给出。

表 8.6　poly_fit 函数输入参数和部分关键字

输入参数或关键字	功　能
x	包含自变量值的多个元素数组
y	因变量的向量，与 x 的长度相同
degree	多项式拟合的程度
yband=variable3	variable3 变量将包含每个点的 1 个标准差误差估计。注意：如果漏掉了 measure_errors，则假设多项式是数据的正确模型，因此不可能进行独立的拟合优度检验。yband 中返回的值乘以 yerror（yfit 和 y 之间的标准误差）
yerror=variable4	variable4 变量将包含 yfit 和 y 之间的标准错误
yfit=variable5	variable5 变量将包含计算 y 值的向量。这些值的误差为+或−yband

例如，对已知多项式 $y=0.25-x+x^2$ 对应的 x 和 y 数据，使用 poly_fit 计算二次多项式拟合将返回精确的系数。拟合结果由图 8.7 给出。

```
; ===============================================================================
pro polyfit_fitting
  ; Define an 11 - element vector of independent variable data:
  X = [0.0,0.1,0.2,0.3,0.4,0.5,0.6,0.7,0.8,0.9,1.0]
  ; Define an 11 - element vector of dependent variable data:
  Y = [0.25,0.16,0.09,0.04,0.01,0.00,0.01,0.04,0.09, $
    0.16,0.25]
  ; Define a vector of measurement errors:
  measure_errors = replicate(0.01,11)
  ; Compute the second degree polynomial fit to the data:
  result = poly_fit(X,Y,2,measure_errors = measure_errors, $
    sigma = sigma,Yfit = fitted_y_value)
  ; Print the coefficients:
  print, 'Coefficients: ',result
  print, 'Standard errors: ',sigma
  p1 = plot(x,y,"r4D",xtitle = '!8x!X',ytitle = '!8y!X',margin = [0.16,0.14,0.08,0.08])
  p2 = plot(x,fitted_y_value,thick = 2,/overplot)
  t1 = text(0.3,0.8,'cc  =  0.94',target = p1,color = 'r',font_size = 12)
  t2 = text(0.3,0.7,'!8y!X  =  0.25  -  !8x!X  +  !8x!X!U2!n',target = p1,color = 'k',font_size = 12)
end
; ===============================================================================
```

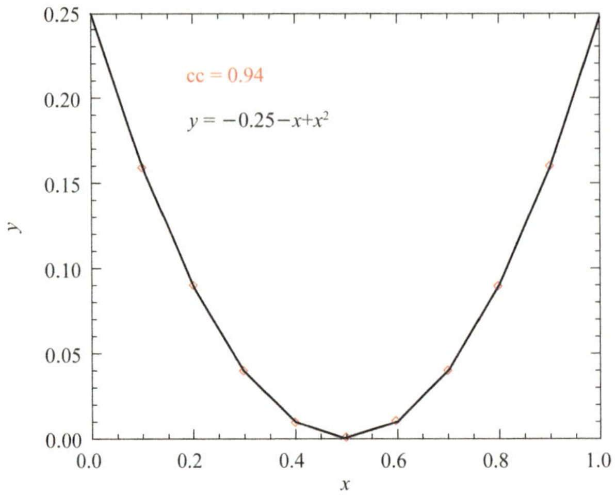

图 8.7 多项式拟合结果

(6) gaussfit 函数

高斯拟合函数计算函数 $f(x)$的非线性最小二乘拟合，函数 $f(x)$有 3 到 6 个未知参数，是高斯函数和二次函数的线性组合，其项数由关键字 nterms 控制。

◇ **语法格式**

```
result = gaussfit(x,{,A,chisq = variable,estimates = array,measure_errors = vector,nterms =
integer,sigma = variable1,yerror = variable2})
```

◇ **返回值**：result 是一个与 x 相同长度的数组，包含函数 $f(x)$在每个 x 值处取值。参数 A 中返回了拟合系数。

gaussfit 函数的大多输入参数和数关键字跟 poly_fit 和 svdfit 函数的一样，少数不同关键字由表 8.7 给出。

表 8.7 gaussfit 函数输入参数和部分关键字

输入参数或关键字	功　能
x	包含自变量值的多个元素数组
y	因变量的向量，与 x 的长度相同
A	一个指定的变量，它将包含拟合的系数 A
estimates=array	将此关键字设置为方程参数的初始估计值数组。如果指定了 nterms 关键字，extimates 数组应该包含 nterms 元素。如果没有指定 nterms，estimates 数组应该有 6 个元素。如果没有指定 estimates 数组，则通过减去常数(如果 nterms≥4)或线性项(如果 nterms≥5)来计算估计值，然后形成高斯系数的简单估计值。注意：如果估计[2](高斯宽度)为零，那么 gaussfit 将自动计算这一项的起始值的最佳猜测
measure_errors=vector	将此关键字设置为包含每个点 $y[i]$的标准测量误差的数组。这个数组必须与 x 和 y 一样长。注：对于高斯误差(如仪器不确定性)，measurement re_errors 应设置为 y 中每一点的标准差。对于泊松或统计加权，measurement re_errors 应设置为 sqrt(y)
nterms=N	N 为 3 到 6 之间的整数值，默认设置是 $N=6$，以指定用于 fit 函数。N 取不同整数值对应的函数由方程 8.27 — 8.30 给出

nterms＝6： $$f(x)=A_0\ e^{\frac{-z^2}{2}}+A_3+A_4x+A_5x^2 \quad (8.27)$$

nterms＝5： $$f(x)=A_0\ e^{\frac{-z^2}{2}}+A_3+A_4x \quad (8.28)$$

nterms＝4： $$f(x)=A_0\ e^{\frac{-z^2}{2}}+A_3 \quad (8.29)$$

nterms＝3： $$f(x)=A_0\ e^{\frac{-z^2}{2}} \quad (8.30)$$

其中，A_0 是高斯函数的高度，A_1 是高斯函数的中心，A_2 是高斯函数的宽度(标准差)，A_3 是常数项，A_4 是线性项，A_5 是二次项。对于所有这些情况，z 被定义为 $z=\frac{x-A_1}{A_2}$。

例如，下面例子展示了如何使用 gaussfit 来匹配四个不同的函数(N＝3、4、5、6)。为了模拟实际数据，每个函数都加入了随机噪声。图 8.8 给出了不同的高斯函数分布。

```
; ==========================================================================
pro Gaussfit_fitting
  ; Define the independent variable.
  n = 101
  x = (findgen(n) - (n/2))/4
  ; Define the coefficients.
  a = [4.0,1.0,2.0,1.0,0.25,0.01]
print, 'Expect: ', a
  z = (x - a[1])/a[2] ; Gaussian variable
  seed = 123321 ; Pick a starting seed value
  for nterms = 3,6 do begin
    ; Define the dependent variables. Start with random noise.
    y = 0.4 * randomn(seed, n)
    ; Use a switch statement so we fall through to each term.
    switch nterms of
      6: y = y + a[5] * x^2
      5: y = y + a[4] * x
      4: y = y + a[3]
      3: y = y + a[0] * exp( - z^2/2)
    endswitch
    ; Fit the data to the function,storing coefficients in
    ; coeff:
    yfit = gaussfit(x,y,coeff, NTERMS = nterms)
    print,'Result:',coeff[0:nterms - 1]
    ; Plot the original data and the fitted curve:
    p1 = plot(x, y,title = '!8N!X = '+ strtrim(nterms,2), $ ;N = nterms
      layout = [4,1,nterms - 2],current = (nterms gt 3), $
      dimensions = [1000,300],margin = [0.3,0.15,0.12,0.12], $
      xtitle = '!8x!X',ytitle = '!8y!X',font size = 10)
    p2 = plot(x,yfit,thick = 2,/overplot)
  endfor
end
; ==========================================================================
```

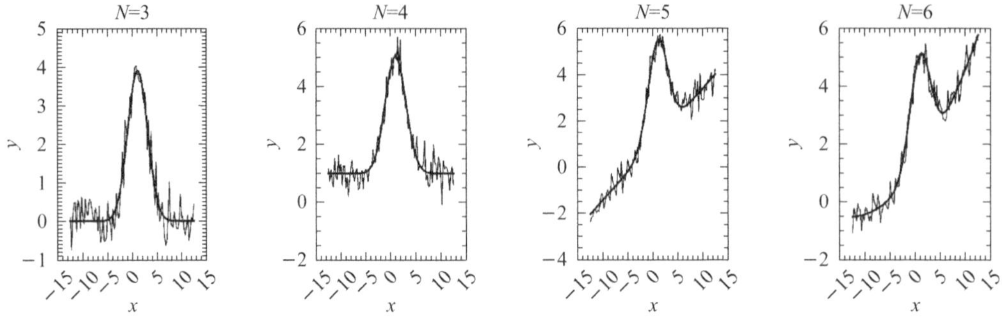

图 8.8　高斯函数拟合分布

在实际拟合空间探测数据前，需要把卫星观测的物理量做无量纲化处理。例如，在拟合哨声模波（合声 chorus、嘶声 hiss）的功率谱密度分布前，先将波频率（f）用当地的电子回旋频率（f_{ce}）归一化，再将功率谱密度按归一化频率进行划分，得到平均的功率谱密度随归一化频率的变化。图 8.9 显示了 Van Allen Probes（A）卫星在 2012 年 9 月 20 日 11:30 ～ 12:00 观测到的哨声模功率谱密度随频率的分布。灰色点是卫星观测的功率谱密度数据，黑色曲线是观测的每个频率上功率谱密度的平均值，红色曲线是拟合的高斯分布。

通常情况下，地球磁层中哨声波的频谱分布可以近似采用以下高斯函数进行拟合：

$$B^2(\omega)=\begin{cases}A^2\exp\left(-\left(\dfrac{\omega-\omega_m}{\delta\omega}\right)^2\right) & \omega_{lc}<\omega<\omega_{uc}\\ 0 & otherwise\end{cases}\tag{8.31}$$

$B^2(\omega)$是磁场的功率谱密度，ω_m 和 $\delta\omega$ 峰值频率和带宽，ω_{lc} 和 ω_{uc} 是频谱的频率上下限。

$$A^2=\frac{|B_w|^2}{\delta\omega}\frac{2}{\sqrt{\pi}}\left[\mathrm{erf}\left(\frac{\omega_m-\omega_{lc}}{\delta\omega}\right)+\mathrm{erf}\left(\frac{\omega_{uc}-\omega_m}{\delta\omega}\right)\right]^{-1}\tag{8.32}$$

B_w 是磁场幅度。通过不断调节模型参数，使拟合的红色曲线尽量匹配观测的黑色曲线。最终获得拟合以下参数：$B_w=92.8\text{pT}$，$\omega_m=0.2145\omega_{ce}$，$\delta\omega=0.05327\omega_{ce}$，$\omega_{lc}=0.05\omega_{ce}$，$\omega_{uc}=0.4\omega_{ce}$。得到了卫星实测的哨声波频谱分布拟合公式，就可以带入波粒共振相互作用模型模拟电磁波对辐射带高能粒子的能量和投掷角扩散过程[7]

(7) gauss2dfit 函数

二维高斯拟合函数拟合一个二维的椭圆高斯方程到线性网格数据。给定一组网格数据，$Z=F(x, y)$，这里，

$$F(x,y)=A_0+A_1\ \exp^{-U/2}\tag{8.33}$$

椭圆函数为：

$$U=(x'/a)^2+(y'/b)^2\tag{8.34}$$

旋转后的坐标系定义为：

$$x'=(x-h)\cos T-(y-k)\sin T\tag{8.35}$$

$$y'=(x-h)\sin T+(y-k)\cos T\tag{8.36}$$

椭圆 U 的参数为：在未旋转的 x 和 y 轴上，轴的长度分别为 $2a$ 和 $2b$；中心在(h, k)处。从 x 轴向顺时针方向旋转 T 弧度。旋转是可选的，可以强制为 0，使椭圆的长轴和短轴与 x 轴和 y 轴平行。

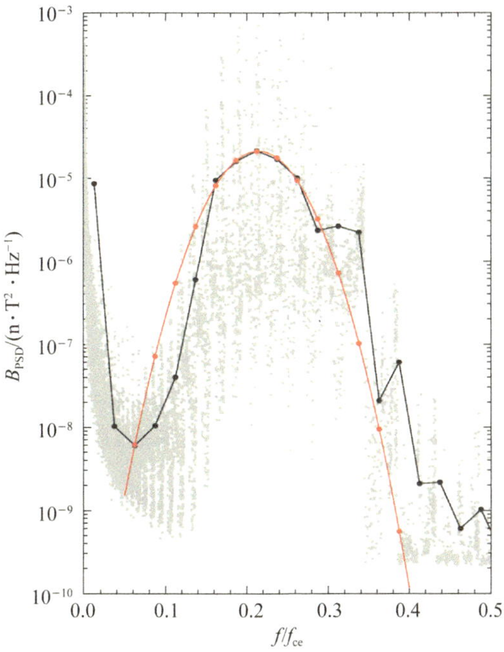

图 8.9　卫星观测的哨声波功率谱密度随频率的分布（灰色点和黑色曲线）和拟合的高斯分布（红色曲线）

◇ **使用过程和其他注意事项**

(1) 首先平滑 z，再分别找到最大值或最小值，就可以找到峰/谷。然后对经过峰谷的行和列应用 gaussfit，估计 x 和 y 中的高斯参数，最后使用 curvfit 将二维高斯拟合到数据中。

(2) 确保要拟合的 2D 数组包含整个峰值或谷，至少有 5 到 8 个半宽，否则曲线拟合函数可能不会收敛。

◇ **语法格式**

```
result = gauss2dfit(z,A {,x,y,fita = vector,mask = array,/negative,/tilt})
```

◇ **返回值**：result 是一个二维数组，其维数与 Z 相同，其中包含函数 $F(x, y)$ 在每个 x 和 y 值处的值。参数 A 作为一个 7 个元素的数组返回拟合函数的系数，不同的元素值如下：

A[0]＝A_0：常数项

A[1]＝A_1：比例因子

A[2]＝a：高斯函数在 x 方向上的宽度

A[3]＝b：高斯函数在 y 方向上的宽度

A[4]＝h：中心 x 位置

A[5]＝k：中心 y 位置。

A[6]＝T＝Theta，椭圆绕 x 轴逆时针旋转。

表 8.8　gauss2dfit 函数输入参数和部分关键字

输入参数或关键字	功　能
z	因变量 z 应该是一个维度为(N_x, N_y)的二维数组
x	一个带有 N_x 元素的可选数组
y	一个包含 N_y 元素的可选数组
fita=vector	将该关键字设置为一个与 A 元素数量相同的数组。如果不指定 FITA,则假定所有参数都是非固定的
mask=array	具有 $N_x \times N_y$ 维度的 2D 数组
/negative	设置此关键字以表示要拟合的高斯是谷(如吸收线)。缺省情况下,峰值是合适的
/tilt	设置此关键字以允许椭圆的长轴和短轴的方向不受限制。默认情况下,椭圆的轴必须平行于 x 和 y 轴。因此,在默认情况下,A[6]总是返回为 0

例如,下面的代码创建一个二维高斯函数,添加随机噪声,添加一些坏数据点,然后应用 gauss2dfit 来拟合。其拟合结果如图 8.10 所示。

```
; ==============================================================================
pro Guass_2D_fiting
  ; Create X and Y arrays:
  nx = 128L
  ny = 100L
  X = findgen(nx) # replicate(1.0, ny)
  Y = replicate(1.0,nx) # findgen(ny)
  ; Define input function parameters:
  aAxis = nx/6.
  bAxis = ny/10.
  h = 0.5 * nx
  k = 0.6 * ny
  tilt = 30 * !PI/180
  A = [5., 10.,aAxis,bAxis,h,k,tilt]
  ; Create an ellipse:
  xprime = (X - h) * cos(tilt) - (Y - k) * sin(tilt)
  yprime = (X - h) * sin(tilt) + (Y - k) * cos(tilt)
  U = (xprime/aAxis)^2 + (yprime/bAxis)^2
  ; Create gaussian Z with random noise:
  Zideal = A[0] + A[1] * exp( - U/2)
  Z = Zideal + randomn(seed, nx, ny)
  B = []; clear out the variable
  ; Make about 20 % of the points be "bad" data.
  bad = where(randomn(1, nx, ny) gt 0.8)
  Z[bad] = 999
  ; Create the mask of the bad data points.
  mask = replicate(1,nx,ny)
  mask[bad] = 0
```

```
    ; ***** Fit the function *****
    yfit = gauss2dfit(Z,B,/tilt,mask = mask)
    ; Report results:
    print,'Should be: ',string(A,format = '(6f10.4)')
    print,'Is: ',string(B,format = '(6f10.4)')
    ; Create an array with our fitted results
    xprime = (X - B[4]) * cos(B[6]) - (Y - B[5]) * sin(B[6])
    yprime = (X - B[4]) * sin(B[6]) + (Y - B[5]) * cos(B[6])
    Ufit = (xprime/B[2])^2 + (yprime/B[3])^2
    Zfit = B[0] + B[1] * exp( - Ufit/2)
    ; Plot the results. The black dots are missing data.
    im = image(bytscl(Z,max = 20),RGB_table = 40, $
      dimensions = [500,400],margin = [0.05,0.05,0.05,0.05])
    ; Contour plot of the fit.
    c = contour(Zfit, xtitle = 'x',ytitle = 'y', $
      dimensions = [500,400],margin = [0.05,0.05,0.05,0.05], $
      /overplot,c_thick = [4],color = 'red')
end
; ==============================================================================
```

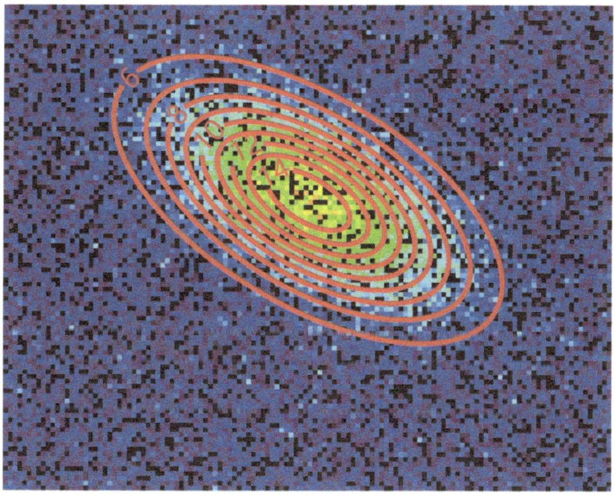

图 8.10　二维高斯函数拟合结果(红色椭圆)

(8) comfit 函数

comfit 函数使用梯度展开最小二乘法将配对数据[x_i,y_i]拟合为六种常用方程之一。

◇ **语法格式**

```
result = comfit(x, y, A {,/exponential,/geometeric,/gompertz,/hyperbolic,/itmax,/logistic,/logsquare,,tol = value,chisq = variable,iter = variable1,sigma = variable2,status = variable3,weight = vector,Yerror = variable4,Yfit = variable5,/double})
```

◇ **返回值**：result 是一个包含模型系数 a_0、a_1、a_2 等的数组。

comfit 函数大多数关键字跟其他函数的相同，一些特殊用法的关键字由表 8.9。在使用

comfit 时，必须设置以下指定模型类型的关键字之一。如果没有指定模型，则在调用 comfit 时，IDL 将显示警告消息。使用不同模型类型的关键字由表 8.10 给出。

表 8.9　comfit 函数输入参数和部分关键字

输入参数或关键字	功　能
x	包含 N 个元素的自变量数组
y	因变量数组，与 x 的长度相同
A	每个模型参数的初始估计值数组，这个数组的长度取决于所选模型的类型
iter=variable1	variable1 变量将包含所执行的迭代次数
/itmax	设置此关键字指定最大迭代次数，缺省值为 20
tol=value	设置此关键字指定所需的收敛公差。当一次迭代中卡方的相对减少量小于 TOL 时，例程返回。缺省值为 1×10^{-3}

表 8.10　comfit 函数不同模型类型的关键字

关键字	拟合函数形式
/exponential	$y=a_0a_1^x+a_2$
/geometric	$y=a_0x^{a_1}+a_2$
/gompertz	$y=a_0a_1^{a_2x}+a_3$
/hyperbolic	$y=\dfrac{1}{a_0+a_1x}$
/logistic	$y=\dfrac{1}{a_0a_1^x+a_2}$
/logsquare	$y=a_0+a_1\log(x)+a_2\log(x)^2$

由于带关键字的 comfit 函数对着固定的拟合方程，所以不用给定拟合方程。直接从实测数据 X 和 Y 就可以给出拟合曲线。例如，下列代码拟合对数函数，结果由图 8.11 给出。

```
;==========================================================================================
Pro comfit_fitting
  ; Define two n-element vectors of paired data:
  X = [2.27,15.01,34.74,36.01,43.65,50.02,53.84,58.30, $
    62.12,64.66,71.66,79.94,85.67,114.95]
  Y = [5.16,22.63,34.36,34.92,37.98,40.22,41.46,42.81, $
    43.91,44.62,46.44,48.43,49.70,55.31]
  A = [1.5,1.5,1.5]
  result = comfit(X,Y,A,/logsquare,Yfit = fitted_y_value)
  print,A
  ;result = comfit(X, Y, A,/GOMPERTZ,YFIT = fitted_y_value)
  p1 = plot(x,y,"r4D",xtitle = '!8x!X',ytitle = '!8y!X')
  p2 = plot(x,fitted_y_value,thick = 2,/overplot)
  ;t1 = text(0.2,0.8,'CC = 0.94',target = p1,color = 'r',font_size = 12)
  ;t2 = text(0.2,0.75,'y = -3.17 + 0.83x',target = p1,color = 'k',font_size = 12)
end
;==========================================================================================
```

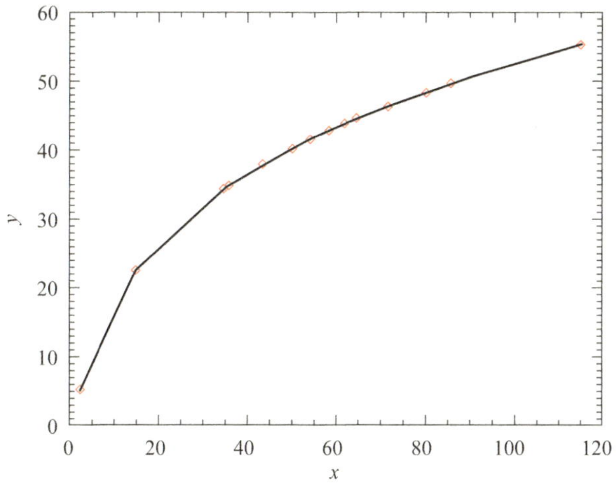

图 8.11　对数函数的拟合结果

习　题

1. 请简述样本数据算术平均值和中值的差别和各自的用途。

2. 请简述标准分和四分位数的定义和各自的用途。

3. 两组空间探测数据的线性相关系数为低于 0.3，是否说明这两种物理量之间没有因果关系？如何计算两组存在非线性关系的物理量的相关系数？

4. 如何确定两组空间探测物理量之间的数学拟合方程？请写出依据和步骤。

5. 实验数据库 OMNI_HRO_5MIN_1661 文件中包含有 2015/01/01 - 2017/12/31 的太阳风和地磁指数。请画地磁 SYM/H (nT)、AE(nT)指数分别随太阳风质子数密度(Proton density(n/cc)，标成 Np)、太阳风流速度(Flow Speed(km/s)，标成 Vs)和行星际磁场 Z 分量 Bz(nT)变化的散点图。如果数据点分布呈现直线或曲线趋势，请计算相关系数并给出拟合方程。要求画成三列两行的图，画图时须去掉错误填充数据(譬如 99999.9 999.990 99.9900 等固定出现的数字)。

参考文献

[1] 涂传诒，宗秋刚，何健森，等. 日地空间物理学：上册|日球层物理：第 2 版[M]. 北京：科学出版社，2020.

[2] 涂传诒，宗秋刚，周熙之. 日地空间物理学：下册|磁层物理：第 2 版[M]. 北京：科学出版社，2020.

[3] 徐文耀. 地球电磁现象物理学[M]. 合肥：中国科学技术大学出版社，2009.

[4] 焦维新. 空间探测[M]. 北京：北京大学出版社，2002.

[5] 凯文森，拉塞尔. 太空物理学导论[M]. 曹晋滨，等译. 北京：科学出版社，2001.

[6] 熊年禄，唐存琛，李行健. 电离层物理概论[M]. 武汉：武汉大学出版社，1999.

[7] LI L Y，YU J，CAO J B，et al. Roles of whistler mode waves and magnetosonic waves in changing the outer radiation belt and the slot region [J/OL]. Journal of Geophysical Research：Space Physics，2017，122：5431 - 5448. https://doi.org/10.1002/2016JA023634.

[8] LI L Y，WANG Z Q. The effects of solar wind dynamic pressure changes on the substorm auroras and energetic electron injections on 24 August 2005 [J/OL]. Journal of Geophysical Research：Space Physics，2018，123：385 - 399. https://doi.org/10.1002/2017JA024628.

[9] AYLWARD A. Introduction to the Ionosphere [EB/OL]. https://www.docin.com/p-413037665.html

[10] NANAN B，CHEN C Y，RAJESH P K，et al. Modeling and observations of the low latitude ionosphere-plasmasphere system at long deep solar minimum [J/OL]. Journal of Geophysical Research，2012，117（A8）：A08316. https://doi.org/10.1029/2012JA017846

[11] 王兰炜，胡哲，申旭辉，等. 电磁监测试验卫星(张衡一号)数据处理方法和流程[J]. 遥感学报，2018，22（增刊）：39 - 55.

[12] LAGOUTTE D，BORCHOT J Y，CARVALHO D. DEMETER microsatellite scientific mission center data product description [J]. Demeter，2006.

[13] 杨哲海，黄德民，柯国土. 卫星钟快新的理论分析方法和计算公式：第十一届中国卫星导航年会论文集[C]. [出版者不详]，2020：41 - 45.

[14] 任金彬，刘俊泽，朱光明. 嫦娥一号卫星星地时差校正量计算方法研究[J]. 航天器工程，2008，17(6)：84 - 87.

[15] 闫殿武. IDL 可视化工具入门与提高[M]. 北京：机械工业出版社，2003.

[16] 董彦卿. IDL 程序设计：数据可视化与 ENVI 二次开发[M]. 北京：高等教育出版社，2012.

[17] 徐永明. 遥感二次开发语言 IDL [M]. 北京：科学出版社，2014.

[18] ANGELOPOULOS V，CRUCE P，DROZDOV A，et al. The Space Physics Environment Data Analysis System (SPEDAS) [J]. Space Sci. Rev.，2019，215(9)：

1 - 46. https://doi.org/10.1007/s11214 - 018 - 0576 - 4.

[19] 徐文耀. 地磁与空间物理资料的组织和相关坐标系 [J]. 地球物理学进展，2006，21：1043 - 1060.

[20] YOSHIDA S，LUDWIG G H，VAN ALLEN J A. Distribution of Trapped Radiation in the Geomagnetic Field [J]. J. geophys. Res. 1960，65：807 - 813.

[21] MCIIWAIN C E. Coordinates for mapping the distribution of magnetically trapped particles [J]. J. Geophys. Res.，1961，66 (11)：3681 - 3691.

[22] REGI M，CORPO A D，LAURETIS M D. The use of the empirical mode decomposition for the identification of mean field aligned reference frames [J]. Annals of Geophysics，2016，59(6)：G0651. doi:10.4401/ag - 7067.

[23] KORTH H. IDL Geopack DLM [EB/OL]. https://www.korthhaus.com/index.php/idl - software/idl - geopack - dlm/

[24] PASCHMANN G，DALY P W. Analysis Methods for Multi - Spacecraft Data [M]. Keplerlaan：ESA Publications Division，1998.

[25] SONNERUP B U，CAHILL L J. Magnetopause structure and attitude from Explorer 12 observations [J]. J. Geophys. Res.，1967，72(1)：171 - 183. https://doi.org/10.1029/JZ072i001p00171

[26] SANTOLIK O，PARROT M，LEFEUVRE F. Singular value decomposition methods for wave propagation analysis [J/OL]. Radio Science，2003，38(1)：1010. https://doi.org/10.1029/2000RS002523

[27] LI L Y.，CAO J B，ZHOU G C，et al. Multiple responses of magnetotail to the enhancement and fluctuation of solar wind dynamic pressure and the southward turning of interplanetary magnetic field [J/OL]. Journal of Geophysical Research，2011，116：A12223. https://doi.org/10.1029/2011JA016816.

[28] ISHISAKA K，OKADA T，TSURUDA K，et al. Relationship between the Geotail spacecraft potential and the magnetospheric electron number density including the distant tail regions [J/OL]. J. Geophys. Res.，2001，106：6309 - 6320. https://doi.org/10.1029/2000JA000077.

[29] TSURUDA K，HAYAKAWA H，NAKAMURA M，et al. Electric field measurements on the Geotail satellite [J]. J. Geomagn. Geoelectr.，1994，46：693 - 711.

[30] ESCOUBET C P，PEDERSEN A，SCHMIDT R，et al. Density in the magnetosphere inferred from ISEE 1 spacecraft potential [J]. J. Geophys. Res.，1997，102(A8)：17595 - 17609. https://doi.org/10.1029/97JA00290.

[31] ROBERTS O W，NAKAMURA R，TORKAR K，et al. Estimation of the electron density from spacecraft potential during high - frequency electric field fluctuations [J/OL]. Journal of Geophysical Research：Space Physics，2020，125：e2020JA027854. https://doi.org/ 10.1029/2020JA02785.

[32] KURTH W S，PASCUALE S D，FADEN J B，et al. Electron densities inferred from

plasma wave spectra obtained by the Waves instrument on Van Allen Probes [J/OL]. J. Geophys. Res. Space Physics, 2015, 120: 904 - 914. https://doi.org/10.1002/2014JA020857.
[33] HARTLEY D P, KLETZING C A, PASCULAE S D, et al. Determining plasmaspheric densities from observations of plasmaspheric hiss [J/OL]. Journal of Geophysical Research: Space Physics, 2018, 123: 6679 - 6691. https://doi.org/10.1029/2018JA025658.
[34] MORLEY S K, HENDERSON M G, REEVES G D, et al. Phase Space Density matching of relativistic electrons using the Van Allen Probes: REPT results [J]. Geophysical Research Letters, 2013, 40(18): 4798 - 4802.
[35] YU J, LI L Y, CAO J B, et al. Multiple loss processes of relativistic electrons outside the heart of outer radiation belt during a storm sudden commencement [J/OL]. Journal of Geophysical Research: Space Physics, 2015, 120: 10275 - 10288. https://doi.org/10.1002/2015JA021460
[36] MAILYAN B, MUNTEANU C, HAALAND S. What is the best method to calculate the solar wind propagation delay [J]. Ann. Geophys., 2008, 26: 2383 - 2394.
[37] 徐全智,吕恕. 概率论与数理统计：第四版[M]. 北京：高等教育出版社，2021.
[38] YU J, LI L Y, CAO J B, et al. Propagation characteristics of plasmaspheric hiss: Van Allen Probe observations and global empirical models [J/OL]. J. Geophys. Res. Space Physics, 2017, 122: 4156 - 4167. https://doi.org/10.1002/2016JA023372.
[39] 闻页. 数据分析—描述统计分析 [EB/OL]. https://zhuanlan.zhihu.com/p/157443205.
[40] 张云华. 统计学中四分位数的计算[J]. 中国高新技术企业，2009，20：173 - 174.
[41] 丁月蓉. 天文数据处理方法[M]. 南京：南京大学出版社，1998.